《建筑工程建筑面积计算规范》

宣贯辅导教材

住房和城乡建设部标准定额研究所　主编

中国计划出版社

图书在版编目（CIP）数据

《建筑工程建筑面积计算规范》宣贯辅导教材 / 住房和城乡建设部标准定额研究所主编. —北京: 中国计划出版社, 2015.2 (2019.8 重印)
ISBN 978-7-5182-0089-4

Ⅰ. ①建… Ⅱ. ①住… Ⅲ. ①建筑面积 – 计算 – 规范 – 教材
Ⅳ. ①TU984. 11 – 65

中国版本图书馆 CIP 数据核字（2015）第 022958 号

《建筑工程建筑面积计算规范》宣贯辅导教材
住房和城乡建设部标准定额研究所 主编

中国计划出版社出版发行
网址：www. jhpress. com
地址：北京市西城区木樨地北里甲 11 号国宏大厦 C 座 3 层
邮政编码：100038 电话：（010）63906433（发行部）
北京市科星印刷有限责任公司印刷

880mm × 1230mm 1/16 4. 5 印张 105 千字
2015 年 2 月第 1 版 2019 年 8 月第 5 次印刷
印数 23001—25000 册

ISBN 978-7-5182-0089-4
定价：30. 00 元

编写单位及编写人员名单

编写单位： 住房和城乡建设部标准定额研究所

北京市建设工程造价管理处

辽宁省建设工程造价管理总站

黑龙江省建设工程造价管理总站

浙江省建设工程造价管理总站

四川省建设工程造价管理总站

陕西省建设工程造价总站

编写人员： 陈国立　徐成高　吴宏伟　王玉波　胡建明

程万里　杜浐阳　李艳海　王海宏　胡晓丽

白洁如　刘大同　赵　彬

前 言

2013年12月19日，住房城乡建设部发布第269号公告，批准《建筑工程建筑面积计算规范》为国家标准，编号为GB/T 50353—2013，自2014年7月1日起实施。

《建筑工程建筑面积计算规范》GB/T 50353—2013（以下简称“本规范”）是在《建筑工程建筑面积计算规范》GB/T 50353—2005（以下简称“05版规范”）的基础上，认真总结“05版规范”的实践经验，广泛征求意见，经过反复讨论修改而形成。

为了帮助广大使用者深入理解和掌握“本规范”的内容和具体的计算范围、计算方法，确保实施效果，我们组织“本规范”编制组编写了《建筑工程建筑面积计算规范》的宣贯辅导教材。本宣贯辅导教材比较详细地介绍了规范的修编工作情况、修编的总体原则、修订的内容以及条文详解。条文详解中将“本规范”与“05版规范”作了对比，叙述了“本规范”执行中应注意的问题，部分条文列举了案例。本宣贯辅导教材有助于工程造价专业人员、设计人员以及规划部门有关管理人员准确理解和掌握“本规范”，可供工程造价管理机构宣贯培训使用，也可以为发承包双方在建筑面积计算中提供参考。

住房和城乡建设部标准定额司

2014年11月

目　录

第一部分
修编概况

根据住房城乡建设部《关于印发〈2012年工程建设标准规范制订修订计划〉的通知》（建标〔2012〕5号），由住房和城乡建设部标准定额研究所主编，北京市建设工程造价管理处、辽宁省建设工程造价管理总站、黑龙江省建设工程造价管理总站、浙江省建设工程造价管理总站、四川省建设工程造价管理总站、陕西省建设工程造价总站参编，经过两年的努力工作，共同完成了《建筑工程建筑面积计算规范》（GB/T 50353—2013）的修订工作。在此对参加此次修订的单位和专家表示感谢。

一、修编工作情况

1. 征集执行情况

2011年4月2日住房和城乡建设部标准定额研究所印发了《关于征集〈建筑工程建筑面积计算规范〉（GB/T 50353—2005）有关意见的通知》（建标造〔2011〕102号），对“05版规范”面向全社会征求意见。9月底收集到各省、自治区、直辖市造价管理部门以及设计院、建设单位和个人的意见共341条。

2. 修编准备

2011年10月17日～2011年10月20日住房和城乡建设部标准定额研究所组织北京市、辽宁省、黑龙江省、浙江省、四川省、陕西省造价管理部门的专家成立修编组，在北京召开了规范修订会议。会议对“05版规范”中建筑面积术语、计算建筑面积的规定等内容进行了讨论，提出了规范修订的初步意见。

3. 初稿形成

2012年2月27日～2012年3月4日住房和城乡建设部标准定额研究所再次组织修编专家对规范修订进行论证，召开了规范初稿讨论会。会议对“05版规范”修订的反馈意见逐条梳理，明确了修订标准，对规范中意见相对集中、争议较多的条款进行了重点讨论，最终完成初稿。

4. 征求意见

初稿讨论会后，修编组按讨论意见修改，形成征求意见稿。2012年6月13日住房和城乡建设部标准定额研究所印发了《关于征求〈建筑工程建筑面积计算规范〉（征求意见稿）意见的函》（建标造〔2012〕93号），面向各省级造价管理机构征求意见，各地及有关单位十分重视，广泛收集来自各建设单位、施工企业和设计院的意见，并及时反馈给我们，共收到反馈意见356条。

5. 送审

2012年11月19日～2012年11月20日住房和城乡建设部标准定额研究所组织召开《建筑工程建筑面积计算规范》（送审稿）编制会。将收集到的意见进行了梳理，重点讨论了征求意见过程中意见较多的问题，对阳台、设备层、外保温层的面积计算达成了共识。修改完善了术语、条文及说明中的条款，在此基础上，修改完成了送审稿。

6. 召开审查会

2013 年 3 月 21 日，住房和城乡建设部标准定额司组织召开了《建筑工程建筑面积计算规范》（送审稿）的审查会，住房和城乡建设部标准定额司领导、部分省定额站以及设计院的有关专家、规范参编人员参加了会议。会议首先听取了编制组就规范的修订过程、主要内容做的汇报，审查专家对送审稿内容进行了深入细致的审查，一致同意通过审查并为完善规范提出了修改意见。

7. 报批

编制组根据专家审查意见进行修改完善，于 2013 年 5 月 7 日完成报批稿并报住房和城乡建设部标准定额司审批。住房城乡建设部于 2013 年 12 月 19 日发布公告，规定《建筑工程建筑面积计算规范》GB/T 50353—2013 自 2014 年 7 月 1 日起实施。

二、《规范》修订的总体原则

本次修订是在“05 版规范”的基础上，对一些提出问题较多的条款进行修订，确定了建筑面积计算的总体原则：

（1）适用范围。“本规范”适用于新建、扩建、改建的工业与民用建筑工程建设全过程的建筑面积计算。适用范围增加了“建设全过程”。“05 版规范”中强调规范主要为满足工程造价计价工作的需要，而实际建设过程中，规划、设计等阶段均在使用“本规范”。因此，本次修订将适用范围扩大到建设全过程，规划、设计可以使用“本规范”。但房屋产权面积计算不适用于“本规范”。

（2）阳台面积计算以主体结构为主的原则。按照属于主体结构内的部分计算全面积，附属设施计算半面积的原则（在不考虑层高的前提下）。例如，在阳台的规定中，无论图纸标注为阳台、空中花园、入户花园，在主体结构内的都应计算全面积，不考虑是否封闭。

（3）可以利用（不论设计是否明确利用）的建筑空间都计算建筑面积，取消设计加以利用的说法。

（4）一般计算原则。“本规范”中，一般的取定顺序是：有围护结构的，按围护结构计算面积；无围护结构、有底板的，按底板计算面积（室外走廊、架空走廊）；底板也不利于计算的，则取顶盖（车棚、货棚等）。主体结构外的附属设施按结构底板计算面积。“05 版规范”中错层阳台、架空走廊、直行楼梯等按是否有顶盖考虑是否计算面积，“本规范”中有盖无盖不作为计算建筑面积的必备条件，因为阳台、架空走廊、楼梯是利用其底板，顶盖只是起遮风挡雨的辅助功能。

（5）“本规范”涉及的所有建筑部件，均应符合国家现行设计、施工、质量、安全等规范的要求。

三、修订的内容

1. 术语

“05 版规范”共 25 条术语，“本规范”增加了建筑面积、建筑空间、结构净高、围护设施、结构层、门廊、楼梯、主体结构、露台、台阶的术语释义。将“05 版规范”术语中的层高修订为结构层高；删除了回廊、围护性幕墙、装饰性幕墙、眺望间、永久性顶盖。“本规范”的术语解释大部分来源于现行国家标准《民用建筑设计术语标准》GB/T 50504，《民用建筑设计术语标准》GB/T 50504 中没有的术语，我们查询了一些资料，经过整理后作为“本规范”的术语解释。例如，层高的概念在《民用建筑设计术语标准》GB/T 50504 中为“建筑物各楼层之间以楼、地面面层（完成面）计算的垂直距离。对于平屋面，屋顶层的层高是指该层楼面面层（完成面）至平屋面的结构面层（上表面）的高度；对于坡屋面，屋顶层的层高是指该层楼面面层（完成面）至坡屋面的结构面层（上表面）与外墙外皮延长线的交点计算的垂直距离”。这里，层高是按完成面来定的，而在建筑面积计算中一般是根据结构来划定，所以“本规范”的层高改为结构层高，避免出现与《民用建筑设计术语标准》GB/T 50504 不一致的情况。“本规范”规定阳台是附设于建筑物外墙，设有栏杆或栏板，可供人活动的室外空间。这个术语定义中强调附设于建筑物外墙，凡不是这种情况，为阳台单独设计的外墙或阳台在外墙内的均按全面积计算，也就是说，外墙内的阳台不符合规范术语的规定。

2．建筑面积计算的规定

（1）增加了建筑物架空层的面积计算规定，取消了深基础架空层的面积计算规定；

（2）取消了有永久性顶盖的面积计算规定，增加了无围护结构、有围护设施的面积计算规定，顶盖不是计算建筑面积的唯一条件，如楼梯，有无顶盖不影响楼梯的垂直交通，永久性表述也有欠缺，我国不同建筑物有耐久年限的规定；

（3）修订了落地橱窗、门斗、挑廊、走廊、檐廊的面积计算规定；

（4）增加了凸（飘）窗的建筑面积计算要求，因为有些落地窗会设计为飘窗，实际和房间一体；

（5）修订了围护结构不垂直于水平面而超出底板外沿的建筑物的面积计算规定；

（6）删除了原室外楼梯强调的有永久性顶盖的面积计算要求；

（7）修订了阳台的面积计算规定；

（8）修订了外保温层的面积计算规定，按我们计算建筑面积的规则（结构外围），保温层不应计算建筑面积，而因为设保温层是国家节能要求，为了鼓励设计时加设保温层，因此给予面积计算，但保温层与外墙之间的空隙不计算建筑面积；

（9）修订了设备层、管道层的面积计算规定，设备层和管道层归入常规楼层计算建筑面积；

（10）增加了门廊的面积计算规定；

（11）增加了有顶盖的采光井的面积计算规定。

四、测算

规范出版后，我们请南北方两个省份用“本规范”和“05 版规范”进行了测算对比，结果见表 1 和表 2。

表 1 “本规范”与“05 版规范”对比测算结果 1（北方）

		05版规范	本规范	变化比	变化原因
住宅	剪力墙	73974m^2	74208m^2	0.003	采光井和设备管道层
		36957m^2	36854m^2	−0.0028	仅计算保温层
	砖混	6571m^2	6553m^2	−0.0027	保温层
	框架	8977m^2	8971m^2	−0.00067	仅计算保温层
	框剪	19650m^2	19758m^2	0.0055	室外无顶盖消防通道
厂房	钢结构	60987m^2	60987m^2	0	无变化
车库	框剪	27260m^2	27260m^2	0	无变化
写字楼	剪力墙	28133m^2	28096m^2	−0.0013	保温层
	框架	38077m^2	39321m^2	0.0327	檐廊、雨篷、架空层、架空走廊
	框架	21335m^2	21257m^2	−0.0036	保温层
结果		321941m^2	323265m^2	0.0041	

测算结果为：按照“本规范”进行面积计算，结果比按“05 版规范”计算大 0.41%，采光井、设备层架空层等是结果增加的主要原因，部分减少是因为保温层只计算本身，而“05 版规范”是计算至保温层的外围。本表所涉及的阳台计算遵循地方规定，按主体结构内计算全面积，所以没有阳台的计算差异，所选测算工程变化幅度不大。

表 2 “本规范”与“05 版规范”对比测算结果 2（南方）

		05版规范	本规范	变化比	变化原因
住宅	高层住宅	11069m^2	11348m^2	0.0252	架空层、阳台
		5877m^2	5977m^2	0.017	阳台
	小高层住宅	7574m^2	7691m^2	0.01545	阳台、室外楼梯
	多层住宅	6683m^2	6683m^2	0	无变化
	排屋	4758m^2	5018m^2	0.0546	结构内外阳台
		1517m^2	1780m^2	0.1734	结构内外阳台、无盖阳台、采光井
		1917m^2	1924m^2	0.0037	结构阳台、保温层
	别墅	1515m^2	1560m^2	0.0297	结构内外阳台、无盖室外楼梯
写字楼		129121m^2	129121m^2	0	无变化

续表 2

	05版规范	本规范	变化比	变化原因
教学实验楼	17918m^2	17918m^2	0	无变化
	9181m^2	9208m^2	0.0029	结构内外阳台
	12596m^2	13914m^2	0.1046	设备层
商场	161726m^2	162149m^2	0.0026	自动扶梯
	64738m^2	64492m^2	−0.0038	出入口面积减少大于自动扶梯面积增加
工业厂房	43844m^2	43844m^2	0	无变化
	24933m^2	25055m^2	0.0049	架空走廊
	6065m^2	6076m^2	0.0018	无盖室外楼梯
结果	511032m^2	513758m^2	0.0053	

测算结果为：按照“本规范”进行面积计算，结果比按“05 版规范”计算大 0.53%，设备层、架空层、自动扶梯、结构内阳台等是结果增加的主要原因，南方保温层设置较少，保温层对面积的影响较小。

总的测算结果“本规范”比“05 版规范”面积增加了 0.486%。

各地在使用中发现问题请与编制组联系。

第二部分

主要术语

一、建筑面积

定义为“建筑物（包括墙体）所形成的楼地面面积”。

建筑面积在“05版规范”中未定义，为“本规范”新增术语。面积是所占平面图形的大小，建筑面积是墙体围合的楼地面面积（包括墙体的面积），因此计算建筑面积时，我们首先以外墙结构外围水平面积计算。建筑面积还包括附属于建筑物的室外阳台、雨篷、檐廊、室外走廊、室外楼梯等建筑部件的面积。

二、建筑空间

定义为“以建筑界面限定的、供人们生活和活动的场所”。

建筑空间在“05版规范”中未定义，“本规范”新增术语。本规范取消“设计加以利用”的说法，凡是具备可出入、可利用条件（设计中可能标明了使用用途，也可能没有标明使用用途或使用用途不明确）的围合空间，均属于建筑空间，均应计算建筑面积。可出入是指人能够正常出入，即通过门、门洞或楼梯等进出；而必须通过窗、栏杆、人孔、检修孔等出入的不属于可出入。

三、围护结构

定义为“围合建筑空间的墙体、门、窗”。

围护结构在“05版规范”中定义为“围合建筑空间四周的墙体、门、窗等”。“本规范”明确了围护结构仅包括三种部件，因此取消了“等”字。墙体不区分材质。

四、围护设施

定义为“为保障安全而设置的栏杆、栏板等围挡”。

围护设施在“05版规范”中未定义，“本规范”新增术语。明确了栏杆、栏板等不属于围护结构。围护设施的设置应符合有关安全标准的规定。

五、主体结构

定义为“接受、承担和传递建设工程所有上部荷载，维持上部结构整体性、稳定性和安全性的有机联系的构造”。

主体结构在“05版规范”中未定义，“本规范”新增术语。主体结构即我们俗称的承重结构或受力体系，是承受“所有上部荷载”的体系。

六、结构层

定义为“整体结构体系中承重的楼板层”。

结构层在“05 版规范”中未定义，“本规范”新增术语。结构层特指整体结构体系中承重的楼层，包括板、梁等构件。结构层承受整个楼层的全部荷载，并对楼层的隔声、防火等起主要作用。

七、阳台

定义为“附设于建筑物外墙，设有栏杆或栏板，可供人活动的室外空间”（源自《民用建筑设计术语标准》GB/T 50504—2009）。

阳台在“05 版规范”中定义为“供使用者进行活动和晾晒衣物的建筑空间”，仅从使用功能上进行了定义，本规范对阳台的本质属性进行了明确。

阳台主要有三个属性：一是阳台是附设于建筑物外墙的建筑部件；二是阳台应有栏杆、栏板等围护设施或窗；三是阳台是室外空间。

阳台有两种情况：一种是在外墙和主体结构外，属于主体结构外的阳台；另一种是在外墙外、主体结构内，属于主体结构内的阳台。

有时，设计将外墙内、主体结构内的部分也标注为阳台，但根据定义，阳台是外墙外的附属设施，外墙内的阳台实际上不应称呼为阳台。本规范为了能够表述清楚不同情况的规则，避免大家混乱，故对此种情况归为主体结构内的阳台。

八、露台

定义为“设置在屋面、首层地面或雨篷上的供人室外活动的有围护设施的平台”。

露台在“05 版规范”中未定义,“本规范”新增术语。露台应满足四个条件：一是位置，设置在屋面、地面或雨篷顶；二是可出入；三是有围护设施；四是无盖。这四个条件须同时满足。如果是设置在首层并有围护设施的平台，且其上层为同体量阳台，则该平台应视为阳台，按阳台的规则计算建筑面积。

九、雨篷

定义为“建筑出入口上方为遮挡雨水而设置的部件”。

雨篷在“05 版规范”中定义为“设置在建筑物进出口上部的遮雨、遮阳篷”。

雨篷是指建筑物出入口上方、凸出墙面、为遮挡雨水而单独设立的建筑部件。雨篷划分为有柱雨篷（包括独立柱雨篷、多柱雨篷、柱墙混合支撑雨篷、墙支撑雨篷）和无柱雨篷（悬挑雨篷）。如凸出建筑物，且不单独设立顶盖，利用上层结构板（如楼板、阳台底板）进行遮挡，则不视为雨篷，不计算建筑面积。对于无柱雨篷，如顶盖高度达到或超过两个楼层时，也不视为雨篷，不计算建筑面积。

十、台阶

定义为“联系室内外地坪或同楼层不同标高而设置的阶梯形踏步”。

台阶在“05 版规范”中未定义，为“本规范”新增术语。台阶是指建筑物出入口不同标高地面或同楼层不同标高处设置的供人行走的阶梯式连接构件。室外台阶还包括与建筑物出入口连接处的平台。

架空的阶梯形踏步，起点至终点的高度达到该建筑物一个自然层及以上的称为楼梯，在一个自然层以内的称为台阶。

第三部分

条文详解

3.0.1 建筑物的建筑面积应按自然层外墙结构外围水平面积之和计算。结构层高在2.20m及以上的，应计算全面积；结构层高在2.20m以下的，应计算1/2面积。

【对比2005规范】

3.0.1 单层建筑物的建筑面积，应按其外墙勒脚以上结构外围水平面积计算，并应符合下列规定：

1 单层建筑物高度在2.20m及以上者应计算全面积；高度不足2.20m者应计算1/2面积。

3.0.3 多层建筑物首层应按其外墙勒脚以上结构外围水平面积计算；二层以上楼层应按其外墙结构外围水平面积计算。层高在2.20m及以上者应计算全面积；层高不足2.20m者应计算1/2面积。

【释】

1．“本规范”不再区分单层建筑与多层建筑，对建筑面积计算规则进行了统一。

2．结构层高是指“楼面或地面结构层上表面至上部结构层上表面之间的垂直距离”，见图1。

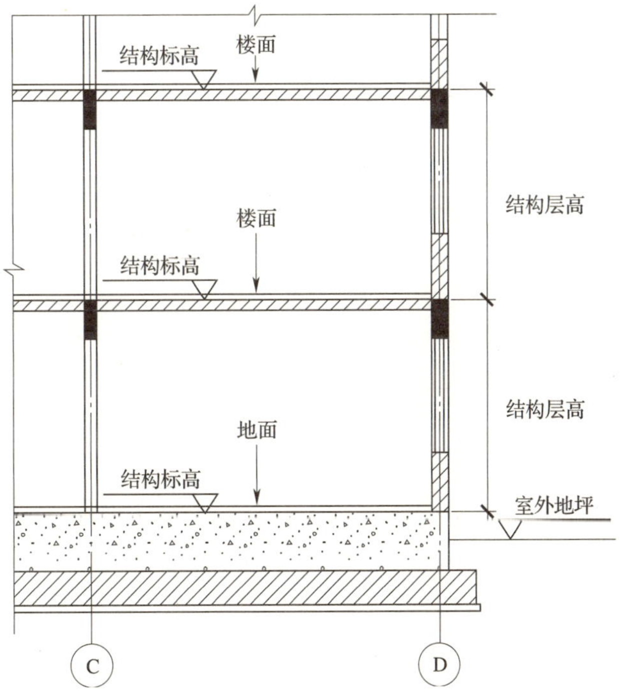

图1　结构层高示意图

（1）上下均为楼面时，结构层高是相邻两层楼板结构层上表面之间的垂直距离。

（2）建筑物最底层，从“混凝土构造”的上表面，算至上层楼板结构层上表面。

分两种情况：一是有混凝土底板的，从底板上表面算起（如底板上有上反梁，则应从上反梁上表面算起）；二是无混凝土底板、有地面构造的，以地面构造中最上一层混凝土垫层或混凝土找平层上表面算起。

（3）建筑物顶层，从楼板结构层上表面算至屋面板结构层上表面。

3. 勒脚是指建筑物外墙与室外地面或散水接触部分墙体的加厚部分，其高度一般为室内地坪与室外地面的高差，也有的将勒脚高度提高到底层窗台。因为勒脚是墙根很矮的一部分墙体加厚，不能代表整个外墙结构，故计算建筑面积时不考虑勒脚。

4. 下部为砌体，上部为彩钢板围护的建筑物（见图 2，俗称轻钢厂房），其建筑面积的计算：

当 $h < 0.45$m 时，建筑面积按彩钢板外围水平面积计算；

当 $h \geqslant 0.45$m 时，建筑面积按下部砌体外围水平面积计算。

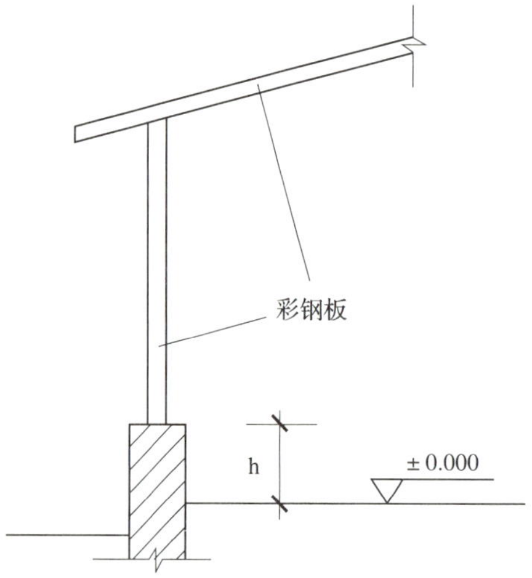

图2　下部为砌体，上部为彩钢板围护的建筑物示意图

5. 当外墙结构本身在一个层高范围内不等厚时（不包括勒脚，外墙结构在该层高范围内材质不变），以楼地面结构标高处的外围水平面积计算。

3.0.2　建筑物内设有局部楼层时，对于局部楼层的二层及以上楼层，有围护结构的应按其围护结构外围水平面积计算，无围护结构的应按其结构底板水平面积计算。结构层高在 2.20m 及以上的，应计算全面积；结构层高在 2.20m 以下的，应计算 1/2 面积。

【对比 2005 规范】

3.0.2　单层建筑物内设有局部楼层者，局部楼层的二层及以上楼层，有围护结构的应按其围护结构外围水平面积计算，无围护结构的应按其结构底板水平面积计算。层高在 2.20m 及以上者应计算全面积；层高不足 2.20m 者应计算 1/2 面积。

【释】

1.“本规范”不再强调“单层建筑物内设置”的概念，无论是单层、多层，只要是在一个自然层内设置的局部楼层都适用本条，如复式房屋。

2．建筑物内设有局部楼层，其首层面积已包括在原建筑物中，不能重复计算。因此，应从二层以上开始计算局部楼层的建筑面积。

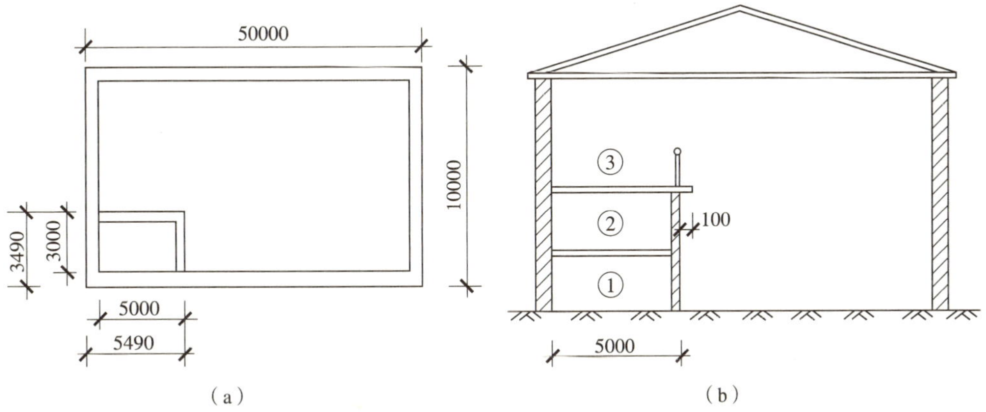

图3　建筑物内设有局部楼层示意图

［**例 1**］以图 3 为例，假设局部楼层①、②、③层高均超过 2.20m，计算该建筑物建筑面积。

解：首层建筑面积 =50×10=500（m^2）

有围护结构的局部楼层②建筑面积 =5.49×3.49=19.16（m^2）

无围护结构（有围护设施）的局部楼层③建筑面积 =（5+0.1）×（3+0.1）=15.81（m^2）

合计建筑面积 =500+19.16+15.81=534.97（m^2）

通过上面的例题，我们可以看出，虽然都是计算全面积，但有、无围护结构取定的计算范围是不同的。有围护结构时，按“围护结构外围水平面积”计算，故②层应将外墙算进去；无围护结构时，按“结构底板水平面积”计算，故③层不应考虑外墙。

3．围护结构是指“围合建筑空间的墙体、门、窗”。“栏杆、栏板”按照本规范的定义，属于围护设施。

“本规范”局部楼层分两种：一种是有围护结构，另一种是无围护结构。但需要注意，无围护结构的情况下，必须要有围护设施。如果既无围护结构也无围护设施，则不属于楼层，不计算建筑面积。

3.0.3　形成建筑空间的坡屋顶，结构净高在 2.10m 及以上的部位应计算全面积；结构净高在 1.20m 及以上至 2.10m 以下的部位应计算 1/2 面积；结构净高在 1.20m 以下的部位不应计算建筑面积。

【对比 2005 规范】

3.0.1　单层建筑物的建筑面积，应按其外墙勒脚以上结构外围水平面积计算，并应符合下列规定：

2　利用坡屋顶内空间时，净高超过 2.10m 的部位计算全面积；净高在 1.20m 至 2.10m 的部位应计算 1/2 面积；净高不足 1.20m 的部位不应计算建筑面积。

3.0.4　多层建筑坡屋顶内和场馆看台下，当设计加以利用时净高超过 2.10m 的部位应计算全面积；净高在 1.20m 至 2.10m 的部位应计算 1/2 面积；当设计不利用或室内净高不足

1.20m 时不应计算面积。

【释】

1. 建筑空间是“具备可出入、可利用条件（设计中可能标明了使用用途，也可能没有标明使用用途或使用用途不明确）的围合空间”。考虑到有时设计图纸中不一定明确标注某个房间的用途，因此本规范不再提“设计加以利用”的说法。只要具备建筑空间的两个基本要素（围合空间，可出入、可利用），即使设计中未体现某个房间的具体用途，仍然应计算建筑面积。可出入是指人能够正常出入，即通过门或楼梯等进出；而必须通过窗、栏杆、人孔、检修孔等出入的不算可出入。

2. 结构净高是指“楼面或地面结构层上表面至上部结构层下表面之间的垂直距离”，见图 4。

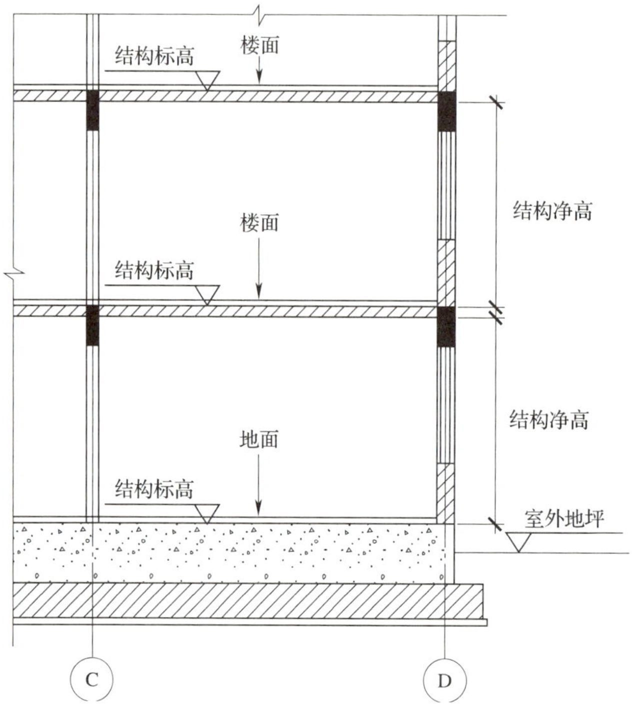

图4　结构净高示意图

［**例 2**］某坡屋面下建筑空间的尺寸如图 5 所示，建筑物长 50m，计算其建筑面积。

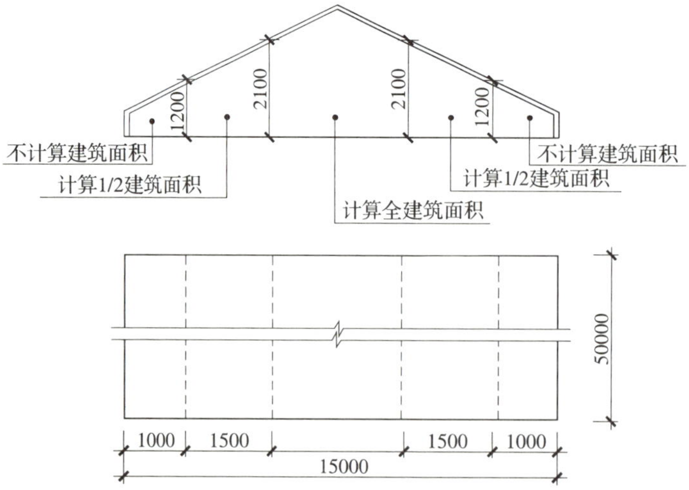

图5　坡屋面下的建筑空间

解：全面积部分：S=50×（15−1.5×2−1.0×2）=500（m^2）

1/2 面积部分：S=50×1.5×2×1/2=75（m^2）

合计建筑面积：S=500+75=575（m^2）

3.0.4　场馆看台下的建筑空间，结构净高在 2.10m 及以上的部位应计算全面积；结构净高在 1.20m 及以上至 2.10m 以下的部位应计算 1/2 面积；结构净高在 1.20m 以下的部位不应计算建筑面积。室内单独设置的有围护设施的悬挑看台，应按看台结构底板水平投影面积计算建筑面积。有顶盖无围护结构的场馆看台应按其顶盖水平投影面积的 1/2 计算面积。

【对比 2005 规范】

3.0.4　多层建筑坡屋顶内和场馆看台下，当设计加以利用时净高超过 2.10m 的部位应计算全面积；净高在 1.20m 至 2.10m 的部位应计算 1/2 面积；当设计不利用或室内净高不足 1.20m 时不应计算面积。

3.0.12　有永久性顶盖无围护结构的场馆看台应按其顶盖水平投影面积的 1/2 计算。

【释】

1.“本规范”取消了“设计加以利用”的说法，改为按照“建筑空间”进行判断，详见本教材第二部分。

2.“本规范”取消了“永久性顶盖”的说法，一律称为“顶盖”。只要设计有顶盖（不包括镂空顶盖），无论是已有详细设计还是标注为需二次设计，无论是什么材质，都视为有顶盖。

3. 本条可分三类，都是针对场馆的，但各类的适用范围有一定区别：

（1）看台下的建筑空间，对“场”（顶盖不闭合）和“馆”（顶盖闭合）都适用；

（2）室内单独悬挑看台，仅对“馆”适用；

（3）有顶盖无围护结构的看台，仅对“场”适用。

4. 室内单独设置的有围护设施的悬挑看台如图 6 所示。无论是单层还是双层悬挑看台，都按看台结构底板水平投影面积计算建筑面积。

图6　室内单独设置有围护设施的悬挑看台

5.“场”的看台（见图 7~ 图 10）：

（1）有顶盖无围护结构的看台，按顶盖水平投影面积计算 1/2 建筑面积。计算建筑面积的范围应是看台与顶盖重叠部分的水平投影面积。

图7　有顶盖无围护结构的看台A

图8　有顶盖无围护结构的看台B

（2）有双层看台时，各层分别计算建筑面积，顶盖及上层看台均视为下层看台的盖。

图9　双层看台

（3）无顶盖的看台，不计算建筑面积（看台下的建筑空间按本条第一类计算建筑面积）。

图10 无顶盖的看台

3.0.5 地下室、半地下室应按其结构外围水平面积计算。结构层高在 2.20m 及以上的，应计算全面积；结构层高在 2.20m 以下的，应计算 1/2 面积。

【对比 2005 规范】

3.0.5 地下室、半地下室（车间、商店、车站、车库、仓库等），包括相应的有永久性顶盖的出入口，应按其外墙上口（不包括采光井、外墙防潮层及其保护墙）外边线所围水平面积计算。层高在 2.20m 及以上者应计算全面积；层高不足 2.20m 者应计算 1/2 面积。

【释】

1．由于地下室、半地下室与正常楼层的计算原则相一致，故实际在计算建筑面积时，无须对地下室、半地下室进行严格意义的划分。

2．地下室、半地下室按“结构外围水平面积”计算，不再按“外墙上口”取定。当外墙为变截面时，按地下室、半地下室楼地面结构标高处的外围水平面积计算。

3．地下室的外墙结构不包括找平层、防水（潮）层、保护墙等。

4．地下空间未形成建筑空间的，不属于地下室或半地下室，不计算建筑面积。

3.0.6 出入口外墙外侧坡道有顶盖的部位，应按其外墙结构外围水平面积的 1/2 计算面积。

【对比 2005 规范】

3.0.5 地下室、半地下室（车间、商店、车站、车库、仓库等），包括相应的有永久性顶盖的出入口，应按其外墙上口（不包括采光井、外墙防潮层及其保护墙）外边线所围水平面积计算。层高在 2.20m 及以上者应计算全面积；层高不足 2.20m 者应计算 1/2 面积。

【释】

1．出入口坡道计算建筑面积应满足两个条件：一是有顶盖，二是有侧墙（即规范中所说的“外墙结构”，但侧墙不一定封闭）。计算建筑面积时，有顶盖的部位按外墙（侧墙）结构外围水平面积计算；无顶盖的部位，即使有侧墙，也不计算建筑面积。

图11　有顶盖的出入口A

图12　有顶盖的出入口B

图13　无顶盖的出入口

2．本条不仅适用于地下室、半地下室出入口，也适用于坡道向上的出入口。

3．“本规范”出入口坡道，无论结构层高多高，都只计算半面积，这一点与“05版规范”不同。

4．由于坡道是从建筑物内部一直延伸到建筑物外部的，建筑物内的部分随建筑物正常计算建筑面积，建筑物外的部分按本条执行。建筑物内、外的划分以建筑物外墙结构外边线为界。

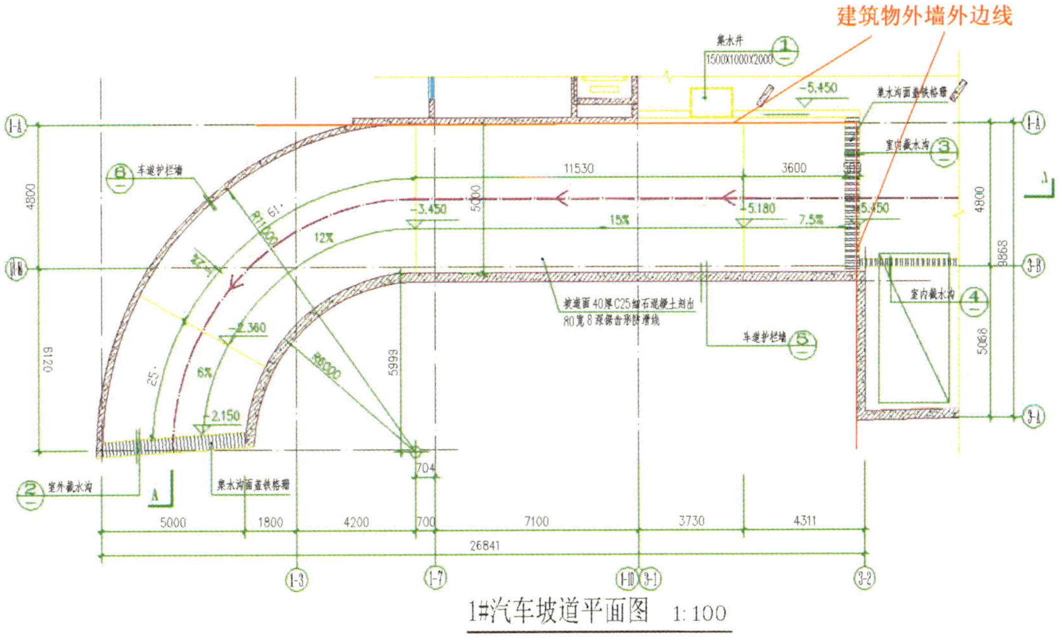

图14 坡道建筑面积计算范围示意图

图 14 中，红色线标示出了建筑物外墙结构外边线，线的左侧、下侧部分属于坡道出入口，按本条执行。

在计算图 14 建筑面积时应注意：坡道直线段部分，只有一侧有侧墙，上侧的墙是建筑物的外墙，已随主体建筑计算了建筑面积，不能再重复计算坡道面积，故直线段部分坡道，应从红色线外边（建筑物外墙结构外边线）算起，算至坡道下侧的侧墙外边线；圆弧段坡道，两侧都有侧墙，则两侧的侧墙都计入建筑面积。

5．地下车库工程（包括出入口）建筑面积计算原则：

对于地下车库工程，无论出入口坡道如何设置，无论坡道下方是否加以利用，地下车库均应按 3.0.5 条规定，按设计的自然层计算建筑面积。出入口坡道按本条规定另行计算后，并入该工程建筑面积。

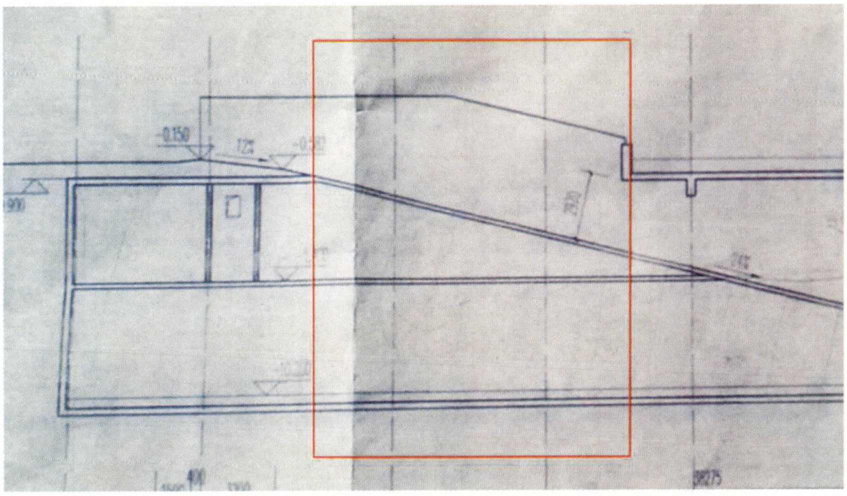

图15 地下车库（包括出入口）A

图 15 中，无须考虑斜板下是否加以利用，首先应计算 2 个自然层建筑面积，然后，红框及左侧部分的出入口另行计算，并入建筑面积。

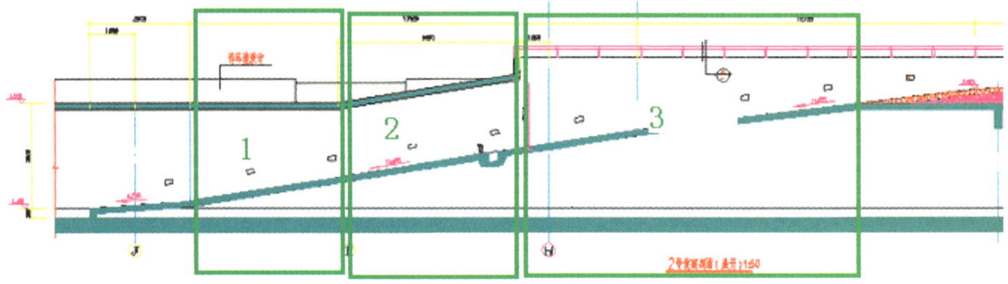

图16　地下车库（包括出入口）B

图 16 中，“1”“2”“3”部分，均无须考虑斜板下是否加以利用，首先算 1 个自然层建筑面积，然后，“3”及右侧部分的出入口另行计算，并入建筑面积。

3.0.7　建筑物架空层及坡地建筑物吊脚架空层，应按其顶板水平投影计算建筑面积。结构层高在 2.20m 及以上的，应计算全面积；结构层高在 2.20m 以下的，应计算 1/2 面积。

【对比 2005 规范】

3.0.6　坡地的建筑物吊脚架空层、深基础架空层，设计加以利用并有围护结构的，层高在 2.20m 及以上的部位应计算全面积；层高不足 2.20m 的部位应计算 1/2 面积。设计加以利用、无围护结构的建筑吊脚架空层，应按其利用部位水平面积的 1/2 计算；设计不利用的深基础架空层、坡地吊脚架空层、多层建筑坡屋顶内、场馆看台下的空间不应计算面积。

【释】

1．架空层常见的是学校教学楼、住宅等工程在底层设置的架空层，有的建筑物在二层或以上某个甚至多个楼层设置架空层，有的建筑物设置深基础架空层或利用斜坡设置吊脚架空层，作为公共活动、停车、绿化等空间，如图 17 所示。

图17　架空层

2．架空层是指“仅有结构支撑而无外围护结构的开敞空间层”。“本规范”架空层无围护结构，这一点与“05 版规范”中的架空层不同，且无论是否“设计加以利用”，只要具备可利用状态，均计算建筑面积。

规范中提到的“吊脚架空层”，也是无围护结构的，如图 18、图 19 所示。

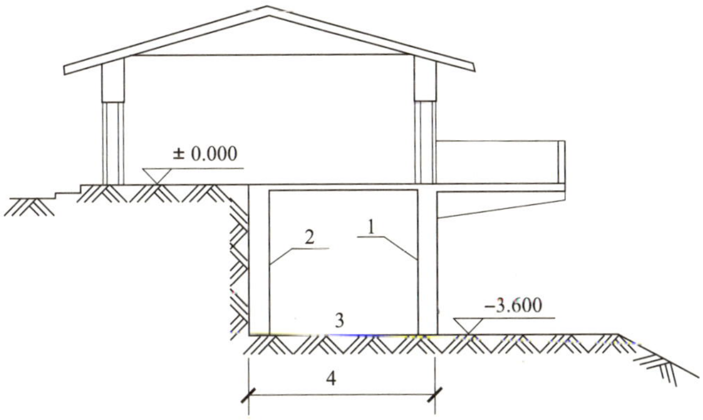

图18　吊脚架空层示意图A

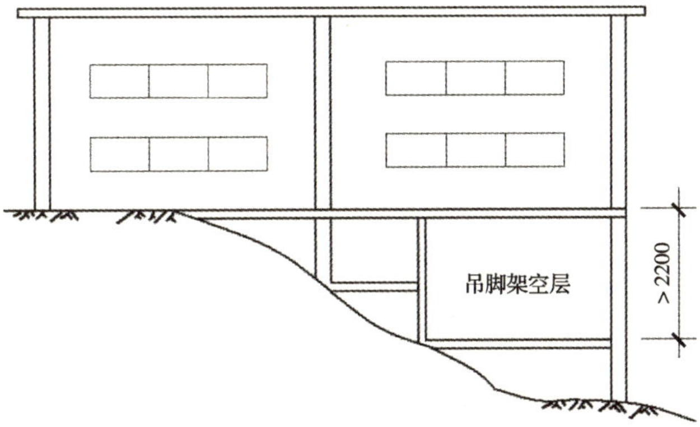

图19　吊脚架空层示意图B

3．“本规范”将“05 版规范”仅适用于坡地建筑物吊脚架空层、深基础架空层扩大为建筑物架空层及坡地建筑物吊脚架空层，解决了近年来大量出现的学校教学楼、住宅底层设置架空层的建筑面积计算问题。同时，对计算规则作了调整，将建筑物架空层及坡地建筑物吊脚架空层建筑面积改为按顶板水平投影计算，层高在 2.20m 及以上的部位应计算全面积，层高不足 2.20m 的部位应计算 1/2 面积。

4．顶板水平投影面积是指架空层结构顶板的水平投影面积，不包括架空层主体结构外的阳台、空调板、通长水平挑板等外挑部分。

［**例 3**］计算图 20 教学楼底层架空层的建筑面积。

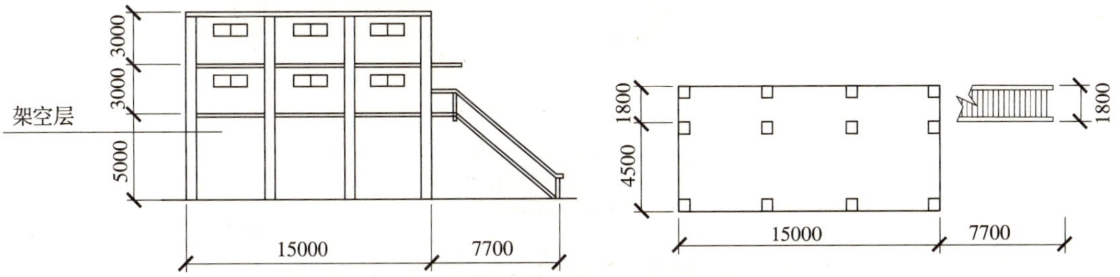

图20　建筑物底层架空层

解：S=15×（4.5+1.8）=94.5（m^2）

［**例 4**］计算图 21 吊脚架空层的建筑面积。

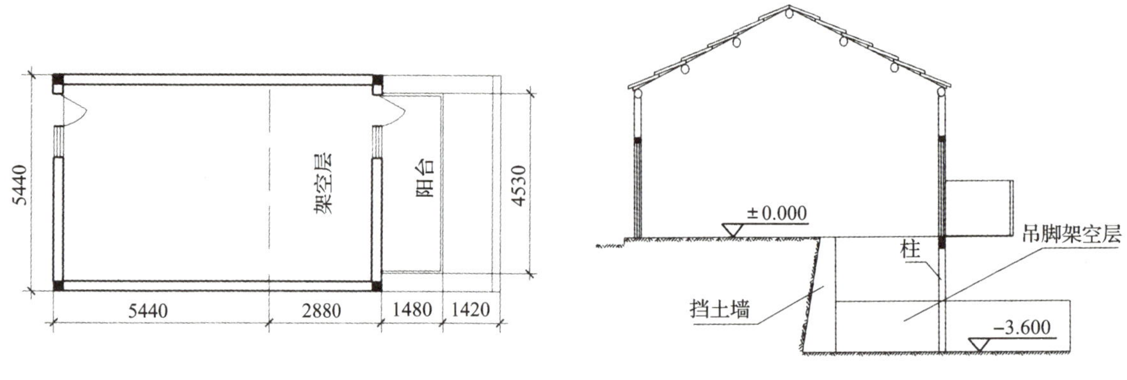

图21　吊脚架空层

解：$S=5.44\times2.8=15.23$（m^2）

3.0.8　建筑物的门厅、大厅应按一层计算建筑面积，门厅、大厅内设置的走廊应按走廊结构底板水平投影面积计算建筑面积。结构层高在 2.20m 及以上的，应计算全面积；结构层高在 2.20m 以下的，应计算 1/2 面积。

【对比 2005 规范】

3.0.7　建筑物的门厅、大厅按一层计算建筑面积。门厅、大厅内设有回廊时，应按其结构底板水平面积计算。层高在 2.20m 及以上者应计算全面积；层高不足 2.20m 者应计算 1/2 面积。

【释】

本条与“05 版规范”实质内容完全一样，仅是将“回廊”修改为“走廊”（回廊属于走廊的一种），表述更全面。

大厅内设置的走廊（回廊）见图 22。

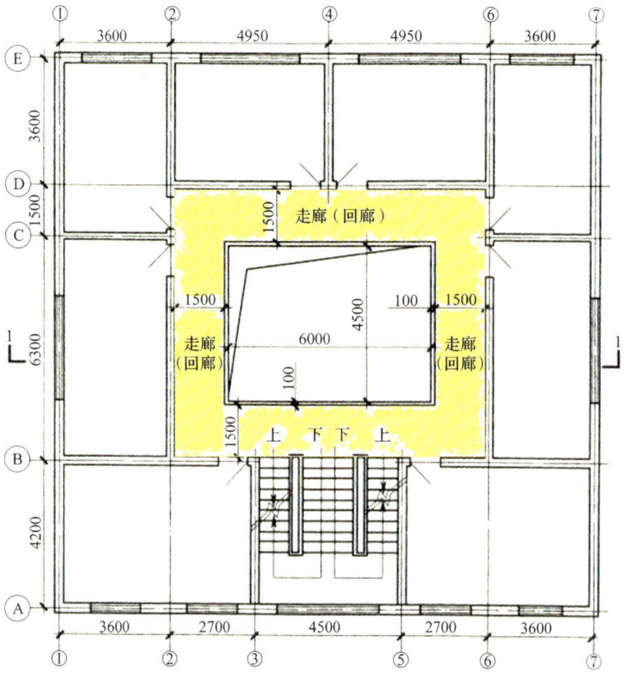

图22　大厅内设置的走廊（回廊）示意图

3.0.9　建筑物间的架空走廊，有顶盖和围护结构的，应按其围护结构外围水平面积计算全面积；无围护结构、有围护设施的，应按其结构底板水平投影面积计算 1/2 面积。

【对比 2005 规范】

3.0.8　建筑物间有围护结构的架空走廊，应按其围护结构外围水平面积计算。层高在 2.20m 及以上者应计算全面积；层高不足 2.20m 者应计算 1/2 面积。有永久性顶盖无围护结构的应按其结构底板水平面积的 1/2 计算。

【释】

1．架空走廊是指专门设置在建筑物的二层或二层以上，作为不同建筑物之间水平交通的空间。

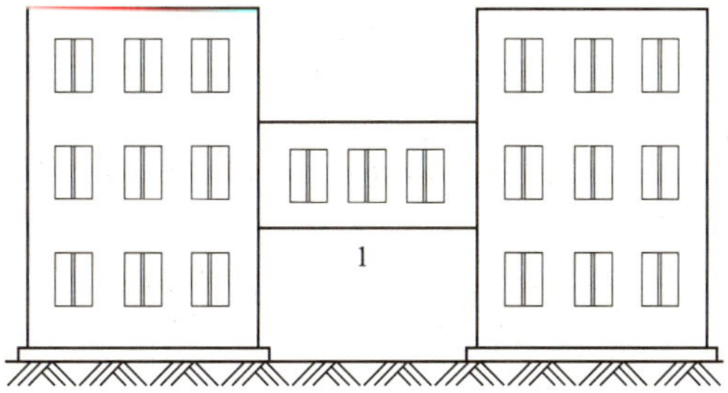

图23　有顶盖和围护结构的架空走廊示意图

1—架空走廊

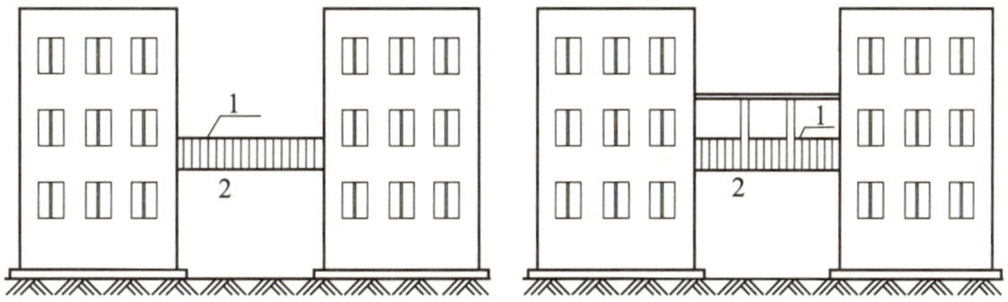

图24　无围护结构、有围护设施的架空走廊示意图

1—栏杆；2—架空走廊

2．关于“本规范”中“有顶盖和围护结构”的含义：

“05 版规范”仅提到“有围护结构”，“本规范”修改为“有顶盖和围护结构”，两版规范表述方式不同，但本质含义未发生变化。

3．架空走廊建筑面积计算分为两种情况：一是有围护结构且有顶盖，计算全面积；二是无围护结构、有围护设施，无论是否有顶盖，均计算 1/2 面积。有围护结构的，按围护结构计算面积；无围护结构的，按底板计算面积。

4．由于架空走廊存在无盖的情况，有时无法计算结构层高，故规范中不考虑层高的因素。

3.0.10　立体书库、立体仓库、立体车库，有围护结构的，应按其围护结构外围水平面积计算建筑面积；无围护结构、有围护设施的，应按其结构底板水平投影面积计算建筑面积。无结构层的应按一层计算，有结构层的应按其结构层面积分别计算。结构层高在 2.20m 及以上的，应计算全面积；结构层高在 2.20m 以下的，应计算 1/2 面积。

【对比 2005 规范】

3.0.9　立体书库、立体仓库、立体车库，无结构层的应按一层计算，有结构层的应按其结构层面积分别计算。层高在 2.20m 及以上者应计算全面积；层高不足 2.20m 者应计算 1/2 面积。

【释】

1. “本规范”增加了无围护结构、有围护设施的立体书库、立体仓库、立体车库，如图 25 所示：

图25　立体车库A

2. 有围护结构的，按围护结构计算面积；无围护结构的，按底板计算面积。

3. 结构层是指“整体结构体系中承重的楼板层”，特指整体结构体系中承重的楼层，包括板、梁等构件，而非局部结构起承重作用的分隔层。结构层承受整个楼层的全部荷载，并对楼层的隔声、防火等起主要作用。

特别要注意，立体车库中的升降设备，不属于结构层，不计算建筑面积。图 26、图 27 都只能计算一层建筑面积。

图26　立体车库B

图27　立体车库C

此外，仓库中的立体货架、书库中的立体书架都不算结构层，如图 28 所示。

图28　立体货架

3.0.11　有围护结构的舞台灯光控制室，应按其围护结构外围水平面积计算。结构层高在 2.20m 及以上的，应计算全面积；结构层高在 2.20m 以下的，应计算 1/2 面积。

【对比 2005 规范】

3.0.10　有围护结构的舞台灯光控制室，应按其围护结构外围水平面积计算。层高在 2.20m 及以上者应计算全面积；层高不足 2.20m 者应计算 1/2 面积。

【释】

本条与“05 版规范”计算规则完全一致，仅文字上略有调整。

舞台灯光控制室如图 29 所示（舞台两侧局部为两层，第二层右侧为舞台灯光控制室）。

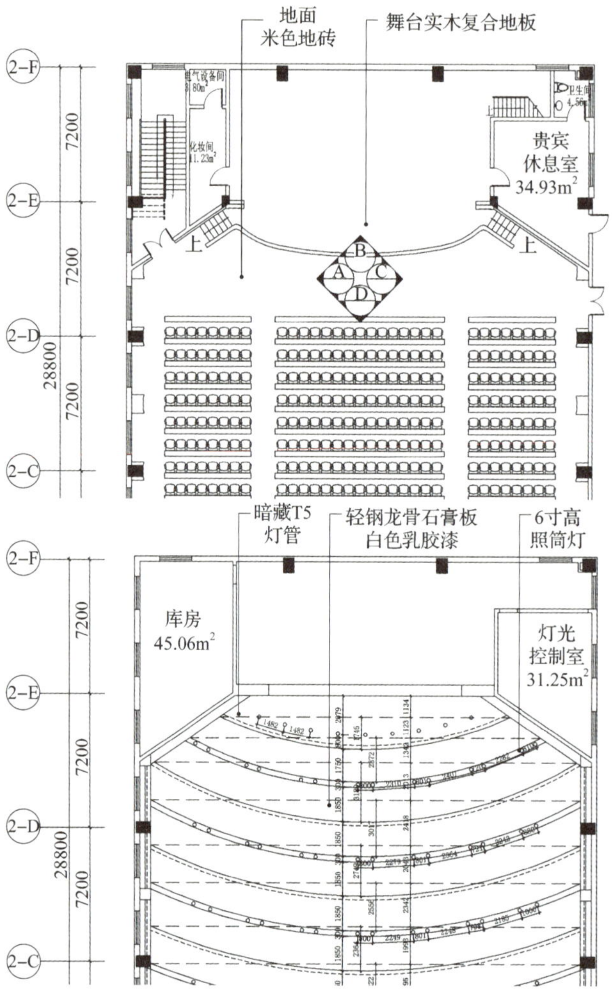

图29 舞台灯光控制室

3.0.12 附属在建筑物外墙的落地橱窗，应按其围护结构外围水平面积计算。结构层高在2.20m及以上的，应计算全面积；结构层高在2.20m以下的，应计算1/2面积。

【对比2005规范】

3.0.11 建筑物外有围护结构的落地橱窗、门斗、挑廊、走廊、檐廊，应按其围护结构外围水平面积计算。层高在2.20m及以上者应计算全面积；层高不足2.20m者应计算1/2面积。有永久性顶盖无围护结构的应按其结构底板水平面积的1/2计算。

【释】

1.“本规范”对于落地橱窗的界定有所调整，由“05版规范”中“建筑物外有围护结构的落地橱窗”调整为“附属在建筑物外墙的落地橱窗”。

橱窗有在建筑物主体结构内的，有在主体结构外的。在建筑物主体结构内的橱窗（见图30），其建筑面积随自然层一起计算，不执行本条款。在建筑物主体结构外的橱窗，属于建筑物的附属结构，“附属在建筑物外墙”明确体现了这个含义。“落地”系指该橱窗下设置有基础。由于“附属在建筑物外墙的落地橱窗”的顶板、底板标高不一定与自然层的划分相一致，故此条单列，未随自然层一起规定。

2.本条仅适用于“落地橱窗”。如橱窗无基础，为悬挑式时，按3.0.13凸（飘）窗的规定计算建筑面积。

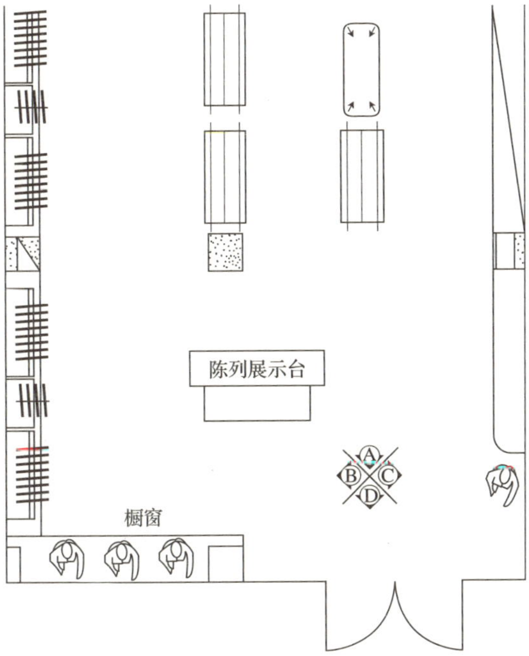

图30　主体结构内的橱窗示意图

3.0.13　窗台与室内楼地面高差在0.45m以下且结构净高在2.10m及以上的凸（飘）窗，应按其围护结构外围水平面积计算1/2面积。

【对比2005规范】

3.0.24　下列项目不应计算面积：

6　勒脚、附墙柱、垛、台阶、墙面抹灰、装饰面、镶贴块料面层、装饰性幕墙、空调室外机搁板（箱）、飘窗、构件、配件、宽度在2.10m及以内的雨篷以及与建筑物内不相连通的装饰性阳台、挑廊。

【释】

1．目前俗称的凸窗或飘窗，从外立面上看主要有两类：间断式、连续式，如图31所示。

(a) 间断式

(b) 连断式

图31　凸（飘）窗外立面

从室内看，也分两类（见图32）：一类是凸（飘）窗地面与室内地面同标高，如图32（a）所示；另一类是凸（飘）窗与室内地面有高差。有高差时，高差可能在0.45m以上，也可能在0.45m以下。

(a) 无高差　(b) 高差0.45m以下　(c) 高差0.45m以上

图32　凸（飘）窗室内

2．“05版规范”飘窗不计算建筑面积，其飘窗仅指为采光和美化造型而设置的突出外墙的窗，是指高差在0.45m及以上的情形，“本规范”仍然不计算建筑面积。无高差或高差在0.45m以下的，凸（飘）窗实际上具备了一定的使用功能，“本规范”计算建筑面积。

“本规范”高差是指结构高差。结构高差取0.45m，是基于设计规范的原则取定。

3．凸（飘）窗须同时满足两个条件方能计算建筑面积：一是结构高差在0.45m以下，二是结构净高在2.10m及以上。

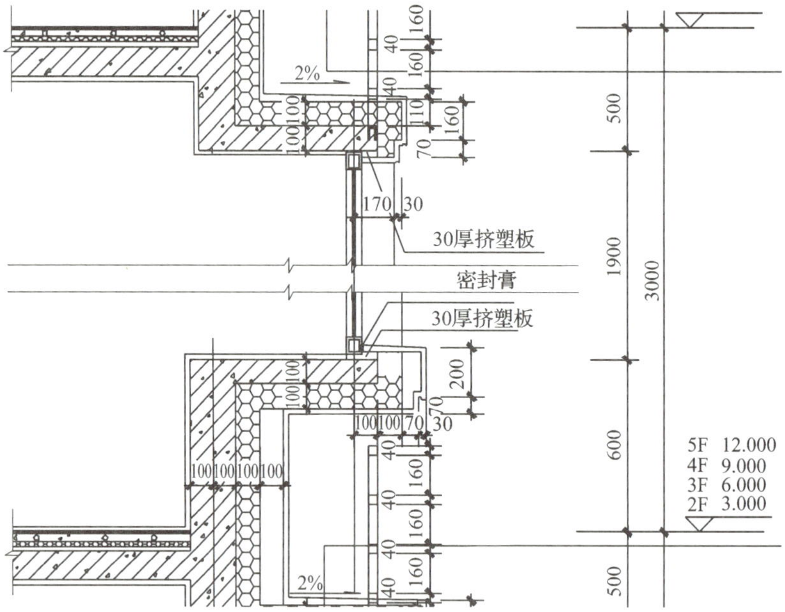

图33　不计算建筑面积的凸（飘）窗详图

图33中，结构高差0.6m＞0.45m，结构净高1.9m＜2.1m，两个条件均不满足，故该凸（飘）窗不计算建筑面积。

如图33尺寸发生变化，见图34：

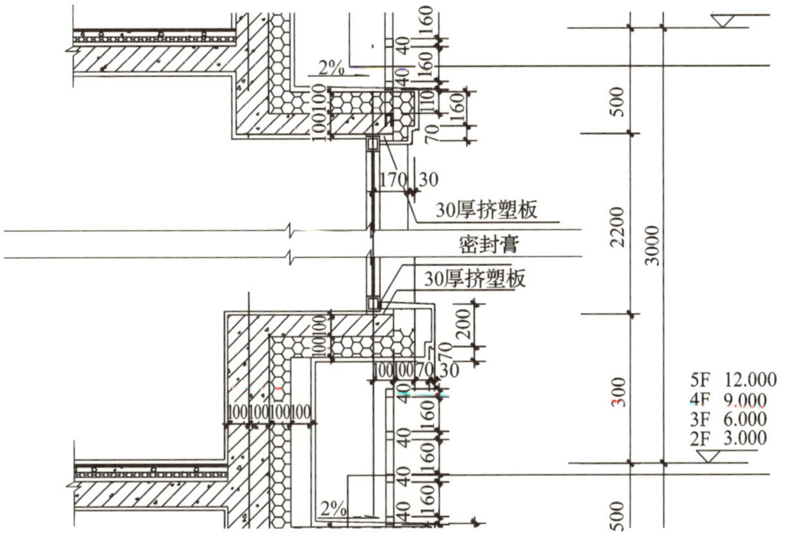

图34　计算建筑面积的凸（飘）窗详图

图 34 中，结构高差 0.3m ＜ 0.45m，结构净高 2.2m ＞ 2.1m，两个条件均满足，故该凸（飘）窗应计算建筑面积。

［**例 5**］某个能计算建筑面积的凸（飘）窗平面尺寸如下图，计算凸（飘）窗建筑面积。

解：S=［1/2×（1.2+2.6）×0.6］×1/2=0.57（m^2）

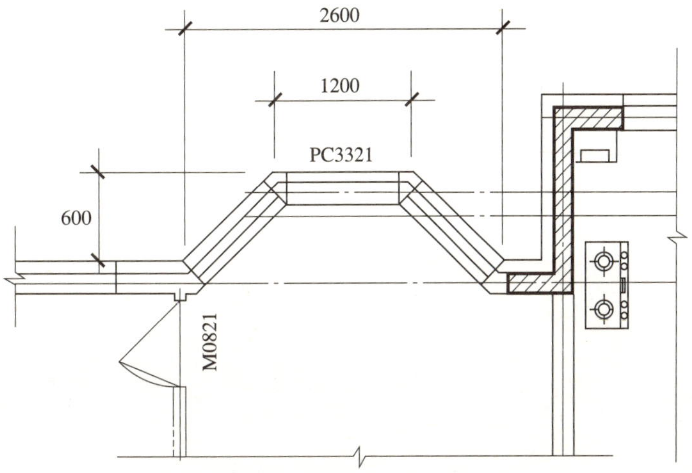

图35　建筑物凸（飘）窗

3.0.14　有围护设施的室外走廊（挑廊），应按其结构底板水平投影面积计算 1/2 面积；有围护设施（或柱）的檐廊，应按其围护设施（或柱）外围水平面积计算 1/2 面积。

【对比 2005 规范】

3.0.11　建筑物外有围护结构的落地橱窗、门斗、挑廊、走廊、檐廊，应按其围护结构外围水平面积计算。层高在 2.20m 及以上者应计算全面积；层高不足 2.20m 者应计算 1/2 面积。有永久性顶盖无围护结构的应按其结构底板水平面积的 1/2 计算。

【释】

1．室外走廊（包括挑廊）、檐廊都是室外水平交通空间。其中挑廊是悬挑的水平交通空间；檐廊是底层的水平交通空间，由屋檐或挑檐作为顶盖，且一般有柱或栏杆、栏板等。底层无围护设施但有柱的室外走廊可参照檐廊的规则计算建筑面积。

无论哪一种廊，除了必须有地面结构外，还必须有栏杆、栏板等围护设施或柱，这两个条件缺一不可，缺少任何一个条件都不计算建筑面积。

图 36 中一至四层的水平交通空间均属于室外走廊。

图36　室外走廊（挑廊）A

图 37 中二、三层的室外水平交通空间为挑廊。底层虽然有地面结构，但无栏杆、栏板或柱，不属于室外走廊，不计算建筑面积。

图37　室外走廊（挑廊）B

图 38 中左侧部分虽无栏杆、栏板等围护设施，但有柱、有地面结构，按檐廊的规则计算建筑面积。右侧部分无栏杆、栏板，也无柱，不属于室外走廊，不计算建筑面积。

图38　室外走廊（挑廊）C

图 39 的室外水平交通空间为檐廊。

图39　檐廊

2．室外走廊（挑廊）、檐廊虽然都算 1/2 面积，但取定的计算部位不同：室外走廊（挑廊）按结构底板计算，檐廊按围护设施（或柱）外围计算。

3.0.15　门斗应按其围护结构外围水平面积计算建筑面积。结构层高在 2.20m 及以上的，应计算全面积，结构层高在 2.20m 以下的，应计算 1/2 面积。

【对比 2005 规范】

3.0.11　建筑物外有围护结构的落地橱窗、门斗、挑廊、走廊、檐廊，应按其围护结构外围水平面积计算。层高在 2.20m 及以上者应计算全面积；层高不足 2.20m 者应计算 1/2 面积。有永久性顶盖无围护结构的应按其结构底板水平面积的 1/2 计算。

【释】

1. 门斗是建筑物出入口两道门之间的空间，它是有顶盖和围护结构的全围合空间。

图40 门斗

2. 门斗是全围合的，门廊、雨篷至少有一面不围合。

3.0.16 门廊应按其顶板的水平投影面积的1/2计算建筑面积；有柱雨篷应按其结构板水平投影面积的1/2计算建筑面积；无柱雨篷的结构外边线至外墙结构外边线的宽度在2.10m及以上的，应按雨篷结构板的水平投影面积的1/2计算建筑面积。

【对比2005规范】

3.0.16 雨篷结构的外边线至外墙结构外边线的宽度超过2.10m者，应按雨篷结构板的水平投影面积的1/2计算。

【释】

1. 雨篷系指建筑物出入口上方、突出墙面、为遮挡雨水而单独设立的建筑部件。雨篷划分为有柱雨篷（包括独立柱雨篷、多柱雨篷、柱墙混合支撑雨篷、墙支撑雨篷）和无柱雨篷（悬挑雨篷），见图41。

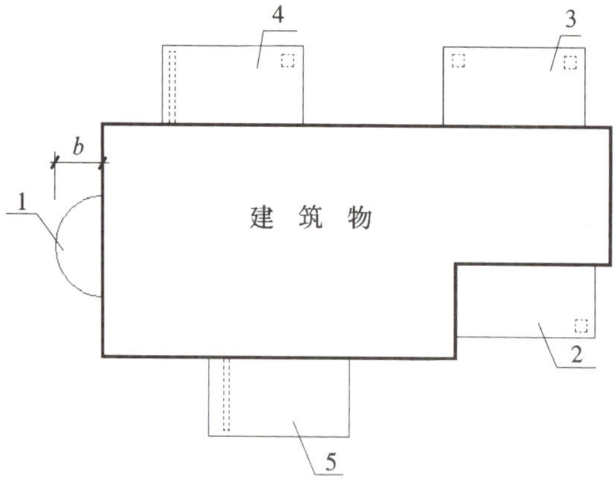

图41 雨篷示意图

1—悬挑雨篷；2—独立柱雨篷；3—多柱雨篷；4—柱墙混合支撑雨篷；5—墙支撑雨篷

2. 有柱雨篷和无柱雨篷计算规则不同：

（1）有柱雨篷，没有出挑宽度的限制；无柱雨篷，出挑宽度≥2.10m时才能计算建筑面积。出挑宽度，系指雨篷结构外边线至外墙结构外边线的宽度，弧形或异形时，为最大宽度（见图 41 中尺寸 b）。

（2）有柱雨篷不受跨越层数的限制，均可计算建筑面积。如图 42 所示，有柱雨篷顶板跨层达到二层顶板标高处，仍可计算建筑面积。

图42　有柱雨篷顶板跨层

（3）无柱雨篷，其结构顶板不能跨层。如顶板跨层，则不计算建筑面积。

3. 门廊是指在建筑物出入口，无门、三面或二面有墙，上部有板（或借用上部楼板）围护的部位。门廊划分为全凹式、半凹半凸式、全凸式。

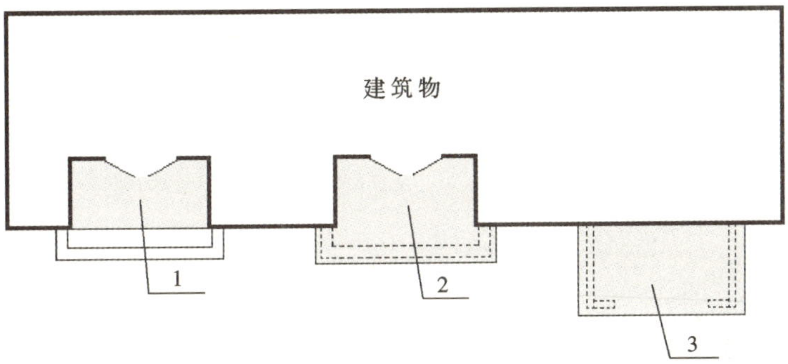

图43　门廊示意图

1—全凹式门廊；2—半凹半凸式门廊；3—全凸式门廊

4. 不单独设立顶盖，利用上层结构板（如楼板、阳台底板）进行遮挡，不视为雨篷，不计算建筑面积。

5. 混合情况的判断：

判断原则 A：根据不重算的原则，当一个附属的建筑部件具备两个或两个以上功能，且计算的建筑面积不同时，只计算一次建筑面积，且取较大的面积。

判断原则 B：当附属的建筑部件按不同方法判断所计算的建筑面积不同时，按计算结果较大的方法进行判断。

（1）见图 44。正确判断方法：二层部位为阳台，按底板计算 1/2 建筑面积；一层出入口部位，利用上层阳台底板进行遮挡，不视为雨篷，不计算建筑面积。

假设从另一个角度判断：一层出入口部位为雨篷，当挑出宽度在 2.10m 及以上时，按顶盖计算 1/2 建筑面积；当挑出宽度在 2.10m 以下时，不计算建筑面积；二层部位属于雨篷上的露台不计算建筑面积。故此判断方法可能计算 1/2 建筑面积或不计算面积。

两种判断方法，如挑出宽度在 2.10m 及以上时，均计算 1/2 建筑面积，结果一致；如挑出宽度在 2.10m 以下时，正确的判断方法计算 1/2 建筑面积，另一个判断方法不计算面积，根据判断原则 B，仍应选定正确的判断方法计算 1/2 建筑面积。

（2）见图 45。正确判断方法：下部为有柱雨篷，按顶盖计算 1/2 建筑面积；上部为雨篷上设置的露台，露台不计算建筑面积。

图44　混合情况A

图45　混合情况B

假设从另一个角度判断：上部为阳台，按底板计算 1/2 建筑面积；下部利用上层阳台底板进行遮挡，不视为雨篷，不计算建筑面积。

两种判断方法结果一致，按结构板计算 1/2 建筑面积即可。

（3）见图 46。首先第三层里侧部分为屋面上的露台，外侧阳台正上方部分，是屋面的延伸，也应属于屋面上的露台，两部分均不计算建筑面积。

图46　混合情况C

然后我们看下面两层。正确判断方法：第二层处为主体结构内的阳台，按结构外围计算全面积；底层利用上层阳台底板进行遮挡，不视为雨篷，不计算建筑面积，故应按第二层结构外围计算全面积。

假设从另一个角度判断：底层为有柱雨篷，按顶盖计算 1/2 建筑面积；第二层处为主体结构内的阳台，按结构外围计算全面积，根据判断原则 A，一个建筑部件只计算一次面积，并取大者，故应按第二层结构外围计算全面积。

两种判断方法结果一致，按第二层结构外围计算全面积。

在本图的判断中，第二层阳台判断为主体结构内，还是主体结构外，应结合结构图去判断。如果符合图 65 的情况，则属于主体结构内；如果柱子是二次施工（二次浇筑），或者不是结构柱，则属于主体结构外。

3.0.17　设在建筑物顶部的、有围护结构的楼梯间、水箱间、电梯机房等，结构层高在 2.20m 及以上的应计算全面积；结构层高在 2.20m 以下的，应计算 1/2 面积。

【对比 2005 规范】

3.0.13　建筑物顶部有围护结构的楼梯间、水箱间、电梯机房等，层高在 2.20m 及以上的应计算全面积；结构层高在 2.20m 以下的，应计算 1/2 面积。

【释】

本条款与“05 版规范”一致。

目前建筑物屋顶上的装饰性结构构件（即屋顶造型），各种材质均有，且形式各异。除了本条款规定的“楼梯间、水箱间、电梯机房”以外，屋顶上的建筑部件属于建筑空间的可以计算建筑面积，不属于建筑空间的则归为屋顶造型，不计算建筑面积。

3.0.18　围护结构不垂直于水平面的楼层，应按其底板面的外墙外围水平面积计算。结构净高在 2.10m 及以上的部位，应计算全面积；结构净高在 1.20m 及以上至 2.10m 以下的部位，应计算 1/2 面积；结构净高在 1.20m 以下的部位，不应计算建筑面积。

【对比 2005 规范】

3.0.14　设有围护结构不垂直于水平面而超出底板外沿的建筑物，应按其底板面的外围水平面积计算。层高在 2.20m 及以上者应计算全面积；层高不足 2.20m 者应计算 1/2 面积。

【释】

1.“05 版规范”中仅对围护结构向外倾斜的情况进行了规定，“本规范”对于向内、向外倾斜均适用。在划分高度上，本条使用的是“净高”，与其他正常平楼层按层高划分不同，但与斜屋面的划分原则相一致。由于目前很多建筑设计追求新、奇、特，造型越来越复杂，很多时候我们根本无法明确区分什么是围护结构、什么是屋顶，例如，国家大剧院的蛋壳型外壳，我们无法准确说其到底是算墙还是算屋顶，因此“本规范”中对于斜围护结构与斜屋顶采用相同的计算规则，即只要外壳倾斜，就按净高划段，分别计算建筑面积。

但是要注意，因为围护结构本身是应计算建筑面积的，如果我们认定是斜围护结构时，围护结构本身应计算建筑面积，而如果认定是斜屋顶时，屋面结构不计算建筑面积。因此虽然有时很难对二者明确区分，但为了统一计算的原则，对于围护结构向内倾斜的情况做如下划分：

（1）多（高）层建筑物顶层，楼板以上部位的外侧均视为屋顶，按 3.0.3 条计算建筑面积。如图 47 所示。

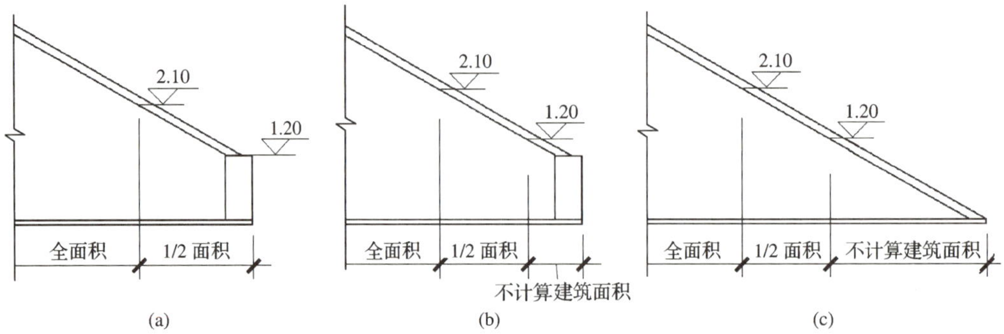

图47　多（高）层建筑物顶层斜屋面示意图

（2）多（高）层建筑物其他层，倾斜部位均视为斜围护结构，底板面处的围护结构应计算全面积。如图 48 所示。

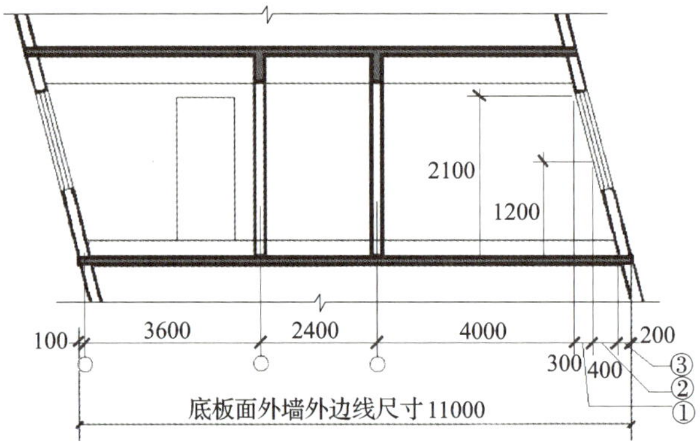

图48　多（高）层建筑物其他层斜围护结构示意图

①计算 1/2 面积；②不计算建筑面积；③部分计算全面积

［**例 6**］某高层建筑标准层剖面如图 48 所示，建筑物宽 10m，计算其建筑面积。

解：S=（0.1+3.6+2.4+4.0+0.2）×10+0.3×10×0.5=103+1.5=104.5（m^2）

或 S=11×10−0.4×10−0.3×10×0.5=104.5（m^2）

（3）单层建筑物时，计算原则同多（高）层建筑物其他层，即倾斜部位均视为围护结构，底板面处的围护结构应计算全面积。如图 49 所示。

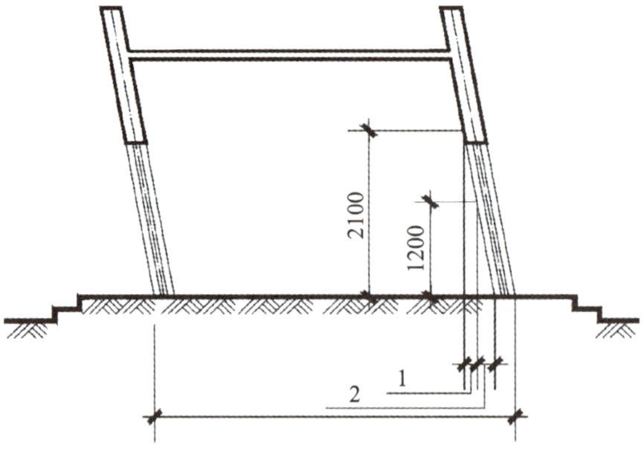

图49　单层建筑物斜围护结构示意图

1—计算 1/2 面积；2—不计算建筑面积

2．本条款计算规则比较复杂，按“底板面的外墙外围水平面积”计算建筑面积，这是由于围护结构不垂直，可能向内倾斜，也可能向外倾斜，各个标高处的外墙外围水平面积可能是不同的，因此“本规范”取定为结构底板处的外墙外围水平面积。

3.0.19 建筑物的室内楼梯、电梯井、提物井、管道井、通风排气竖井、烟道，应并入建筑物的自然层计算建筑面积。有顶盖的采光井应按一层计算面积，结构净高在 2.10m 及以上的，应计算全面积，结构净高在 2.10m 以下的，应计算 1/2 面积。

【对比 2005 规范】

3.0.15 建筑物内的室内楼梯间、电梯井、观光电梯井、提物井、管道井、通风排气竖井、垃圾道、附墙烟囱应按建筑物的自然层计算。

【释】

1．“本规范”将“05 版规范”的“室内楼梯间”改为“室内楼梯”，包括了形成井道的楼梯（即室内楼梯间）和没有形成井道的楼梯（即室内楼梯），明确了没有形成井道的室内楼梯也应该计算建筑面积。例如，建筑物大堂内的楼梯、跃层（或复式）住宅的室内楼梯等应计算建筑面积。如图 50、图 51 所示。

图50　建筑物大堂内的楼梯

图51　跃层住宅室内楼梯

2．室内楼梯间并入建筑物自然层计算建筑面积。以图 52 为例，地上 15 层、地下 1 层，故楼梯间按 16 层计算建筑面积。建筑物顶部的楼梯间另按 3.0.17 条规定计算建筑面积。

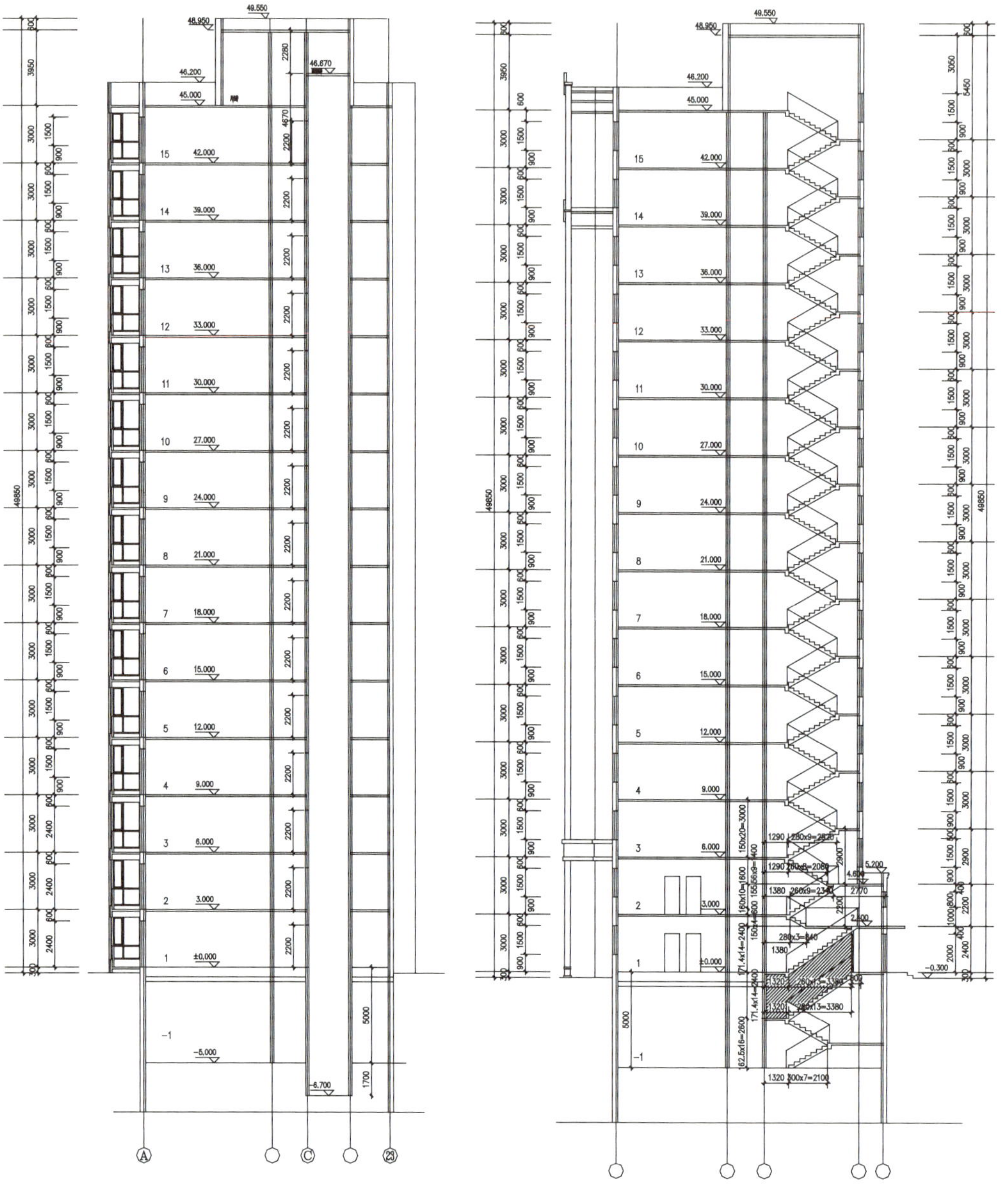

图52　某建筑物剖面图A

3．未形成楼梯间的室内楼梯按楼梯水平投影面积计算建筑面积。

4．跃层和复式房屋的室内公共楼梯间：跃层房屋，按两个自然层计算；复式房屋，按一个自然层计算。跃层房屋是指房屋占有上下两个自然层，卧室、起居室、客厅、卫生间、厨房及其他辅助用房分层布置。复式房屋在概念上是一个自然层，但层高较普通的房屋高，在局部掏出夹层，安排卧室或书房等内容。

5．根据以上解释，室内楼梯应计算建筑面积。应注意：如图纸中画出了楼梯，无论是否用户自理，均按楼梯水平投影面积计算建筑面积；如图纸中未画出楼梯，仅以洞口符号表示，则计算建筑面积时不扣除该洞口面积。

6．当室内公共楼梯间两侧自然层数不同时，以楼层多的层数计算。图 53 中楼梯间应计算 6 个自然层建筑面积。

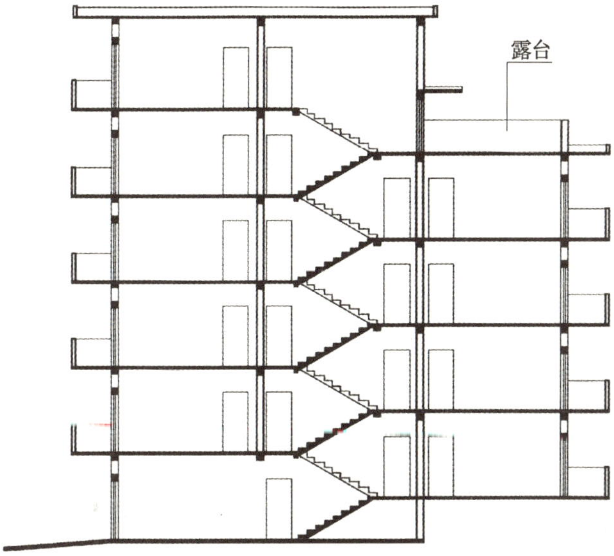

图53　某建筑物剖面图B

7．设备管道层，尽管通常设计描述的层数中不包括，但在计算楼梯间建筑面积时，应算1个自然层。

8．利用室内楼梯下部的建筑空间不重复计算建筑面积。例如，利用梯段下方做卫生间或库房时，该卫生间或库房不另计算建筑面积。

9．"本规范"电梯井、观光电梯井合并，统一称呼为电梯井。

10．井道（包括电梯井、提物井、管道井、通风排气竖井、烟道），不论在建筑物内外，均按自然层计算建筑面积，如附墙烟道。但独立烟道不计算建筑面积，详见3.0.27条第10款。

11．井道（包括室内楼梯、电梯井、提物井、管道井、通风排气竖井、烟道）按建筑物的自然层计算建筑面积。如自然层结构层高在2.20m以下，楼层本身计算1/2面积时，相应的井道也应计算1/2面积。

12．采光井。由于目前建筑物设计的多样化，采光井的构造也发了很大的变化。"本规范"增加了有顶盖的采光井计算建筑面积的规定（有顶盖的采光井包括建筑物中的采光井和地下室采光井）。有顶盖的采光井如图54所示。无顶盖的采光井仍然不计算建筑面积。

图54　有顶盖的采光井

有顶盖的采光井不论多深、采光多少层，均只计算一层建筑面积。如图 55 所示，采光两层，但只计算一层建筑面积。

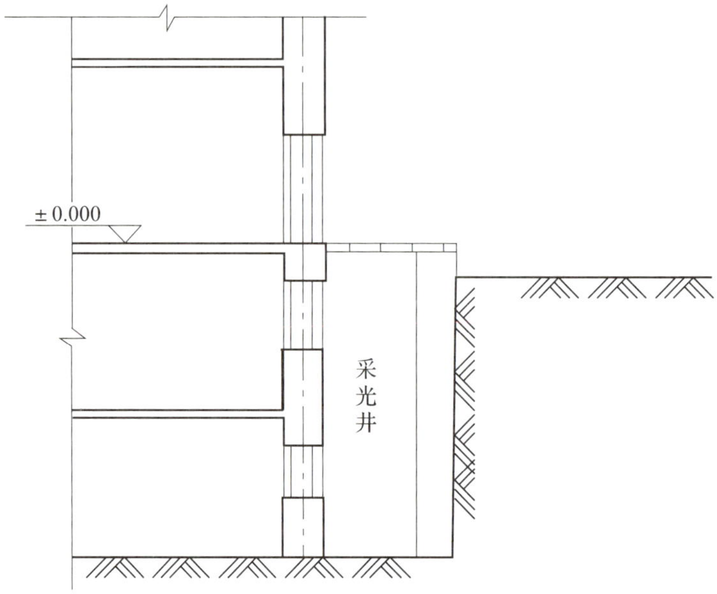

图55 采光两层且有顶盖的采光井示意图

3.0.20 室外楼梯应并入所依附建筑物自然层，并应按其水平投影面积的 1/2 计算建筑面积。

【对比 2005 规范】

3.0.17 有永久性顶盖的室外楼梯，应按建筑物自然层的水平投影面积的 1/2 计算。

3.0.24 下列项目不应计算面积：

7 无永久性顶盖的架空走廊、室外楼梯和用于检修、消防等的室外钢楼梯、爬梯。

【释】

1. 楼梯是“由连续行走的梯级、休息平台和维护安全的栏杆（或栏板）、扶手以及相应的支托结构组成的作为楼层之间垂直交通使用的建筑部件”。

室外楼梯作为连接建筑物层与层之间交通不可缺少的基本部件，无论从其功能，还是工程计价的要求来说，均需计算建筑面积。“本规范”取消了室外楼梯计算建筑面积要有永久性顶盖的条件，室外楼梯无论是否有盖均应计算建筑面积。

2. 本条中的“自然层”是指所依附建筑物的自然层，层数为室外楼梯所依附的主体建筑物的楼层数，即梯段部分垂直投影到建筑物范围的层数。这里需要注意的是层数的判断方法为“梯段部分投影到建筑物范围的层数”，即我们将梯段部分向主体建筑物墙面进行垂直投影，投影覆盖几个层高，就计算几个自然层。如图 56 中，梯段投影到主体建筑物只覆盖了 2 个层高（顶盖不考虑），因此室外楼梯所依附的建筑物自然层数为 2 层，不应理解为“上到 3 层，依附 3 层”。

［**例 7**］以图 56 为例，假设楼梯水平投影面积 $S=10m^2$，计算室外楼梯建筑面积。

解：由于本规范室外楼梯无论是否有盖，都计算建筑面积，因此上面两图的建筑面积是一样的，室外楼梯建筑面积 $S=10\times2\times0.5=10$（m^2）。

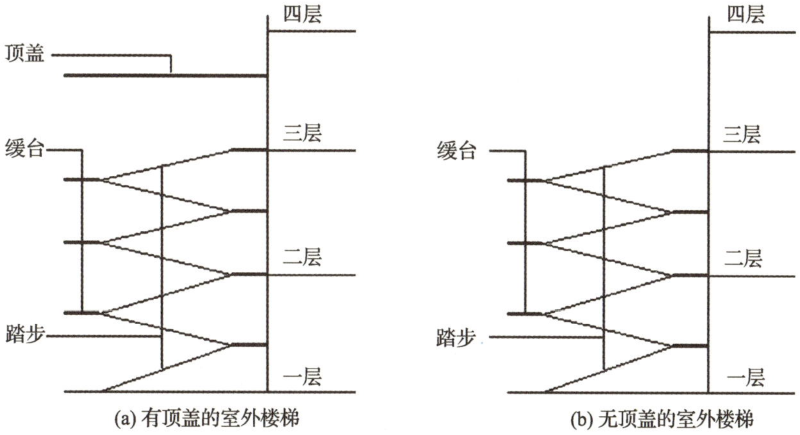

图56　室外楼梯示意图

3．利用室外楼梯下部的建筑空间不重复计算建筑面积。

3.0.21　在主体结构内的阳台，应按其结构外围水平面积计算全面积；在主体结构外的阳台，应按其结构底板水平投影面积计算 1/2 面积。

【对比 2005 规范】

3.0.18　建筑物的阳台均应按其水平投影面积的 1/2 计算。

【释】

1．本规范将阳台划分为主体结构内的阳台和主体结构外的阳台两类，其建筑面积计算不同：主体结构内的阳台计算全面积，主体结构外的阳台计算 1/2 面积。

图 57 中的阳台为主体结构外的阳台，计算 1/2 面积。

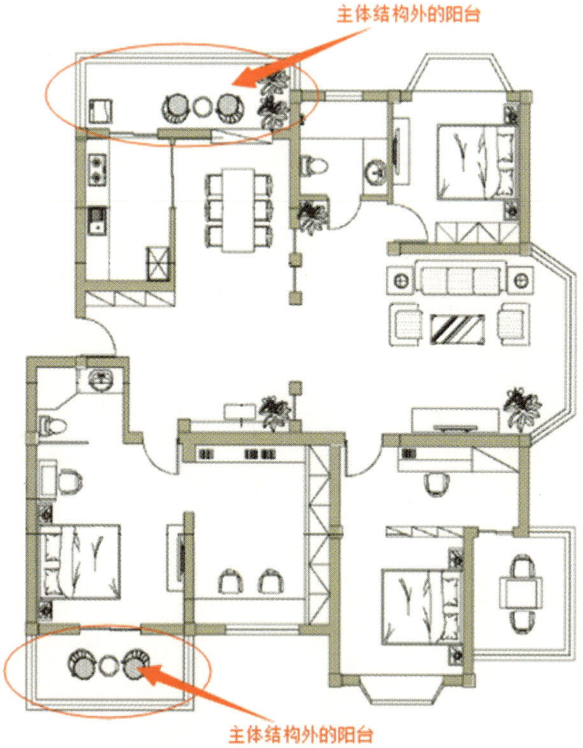

图57　主体结构外的阳台

图 58 的两个图中的阳台均为主体结构内的阳台，计算全面积。

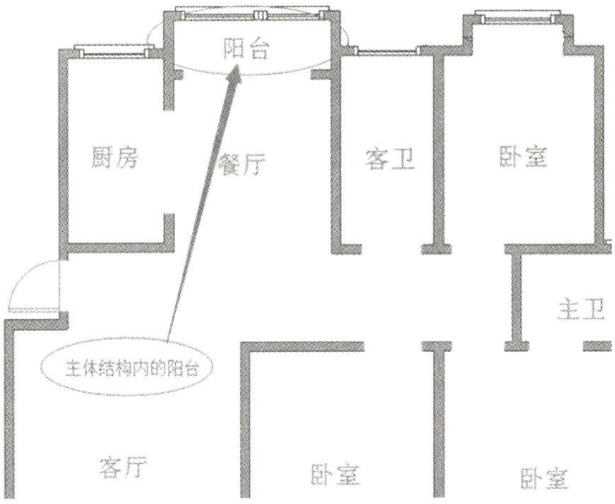

（a）

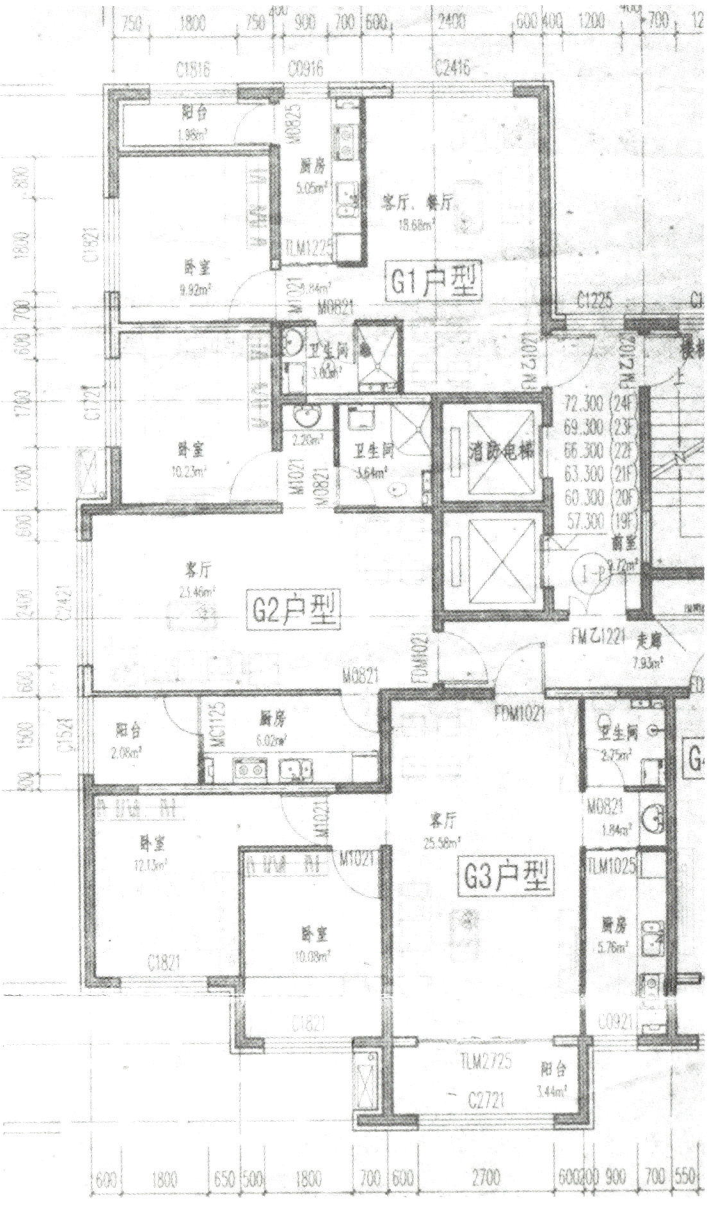

（b）

图58　主体结构内的阳台

2．主体结构是“接受、承担和传递建设工程所有上部荷载，维持上部结构整体性、稳定性和安全性的有机联系的构造”。

以往我们判断建筑面积时，基本都是依据建筑平、立、剖面图，但为了判断主体结构，有时我们也要结合结构图纸一起判断。主体结构按如下原则进行判断：

（1）砖混结构：通常以外墙（即围护结构，包括墙、门、窗）来判断，外墙以内为主体结构内，外墙以外为主体结构外，见图59。

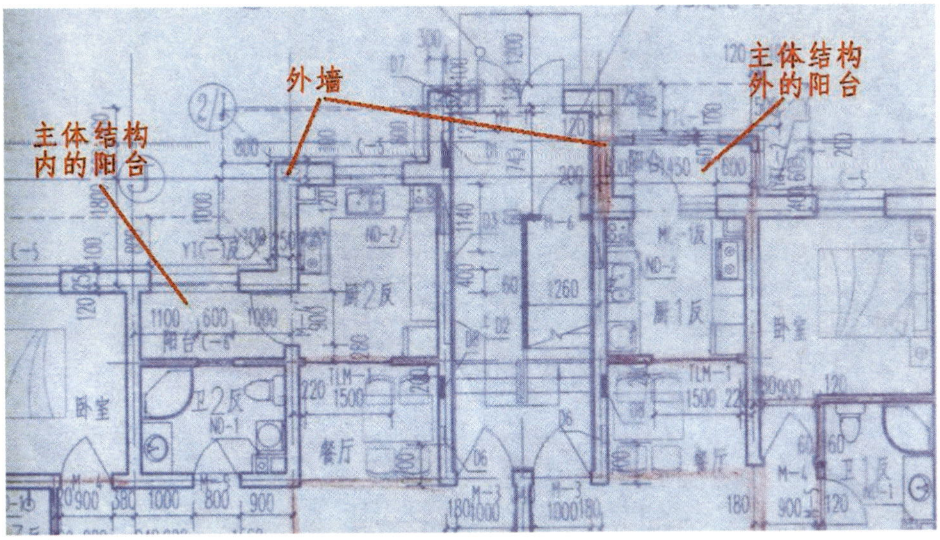

图59　主体结构（砖混结构）的判断

（2）框架结构：柱梁体系之内为主体结构内，柱梁体系之外为主体结构外。

（3）剪力墙结构：情况比较复杂。

①如阳台在剪力墙包围之内，则属于主体结构内，应计算全面积，见图60。

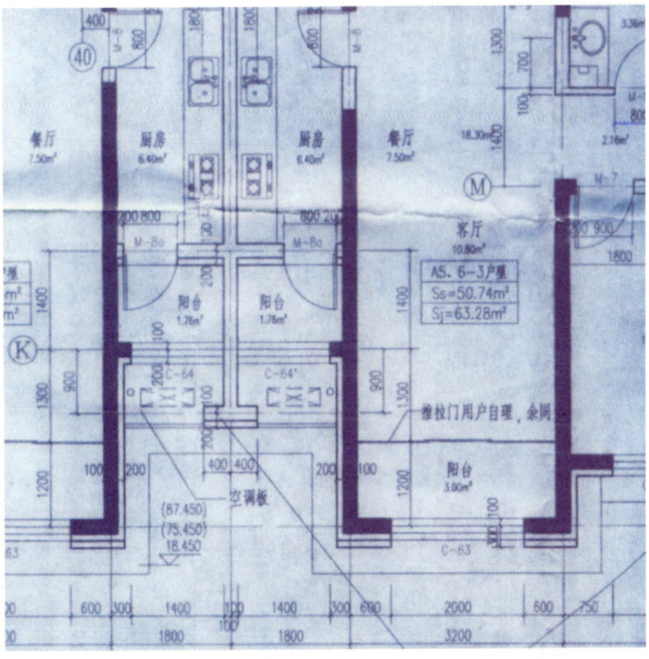

图60　主体结构（剪力墙结构）的判断A

②如相对两侧均为剪力墙时，也属于主体结构内，应计算全面积，见图 61、图 62。

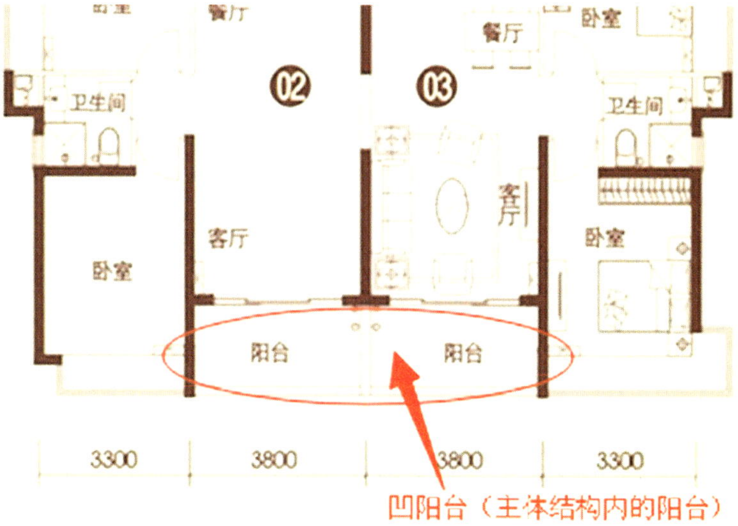

图61　主体结构（剪力墙结构）的判断B

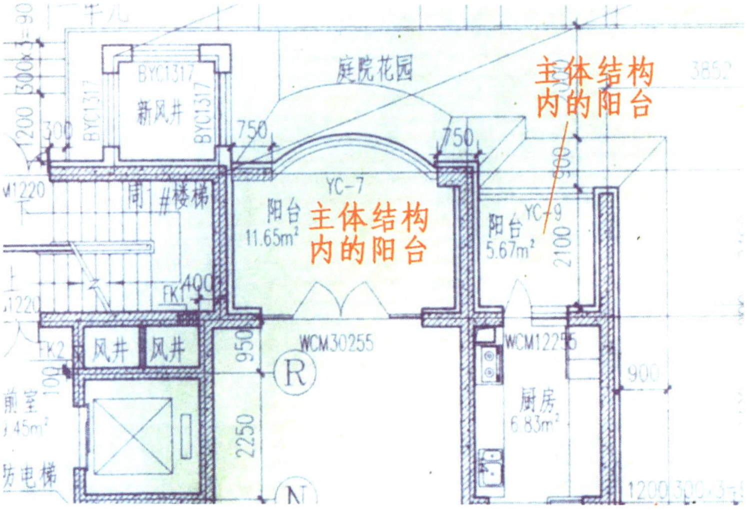

图62　主体结构（剪力墙结构）的判断C

③如相对两侧仅一侧为剪力墙时，属于主体结构外，计算半面积，见图 63。

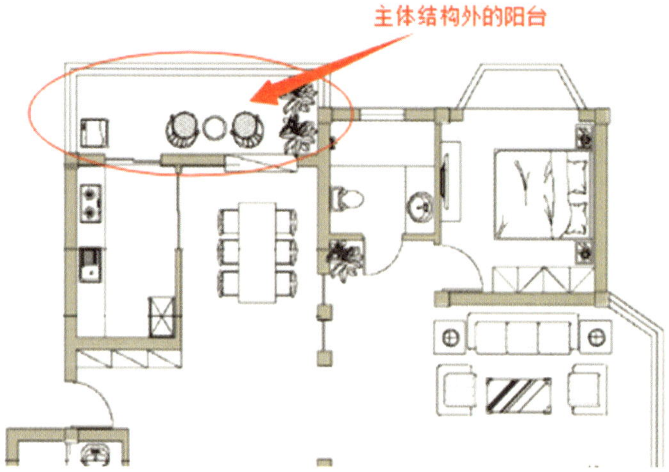

图63　主体结构（剪力墙结构）的判断D

④如相对两侧均无剪力墙时，属于主体结构外，计算半面积，见图 64。

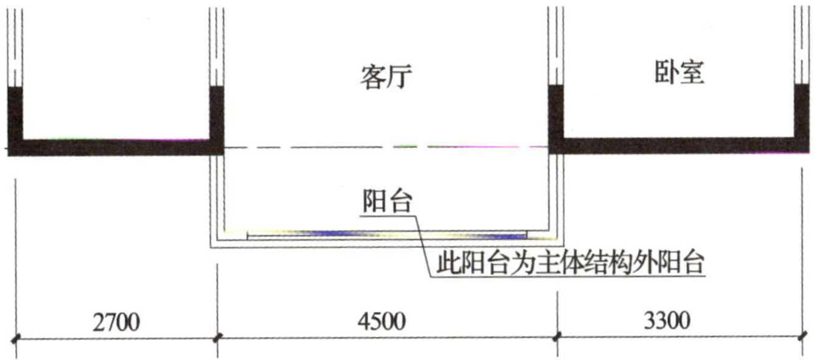

图64　主体结构（剪力墙结构）的判断E

（4）阳台处剪力墙与框架混合时，分两种情况：

①角柱为受力结构，根基落地，则阳台为主体结构内，计算全面积，见图 65。

(a)　(b)　(c)

图65　主体结构（剪力墙与框架混合）的判断A

②角柱仅为造型，无根基，则阳台为主体结构外，计算 1/2 面积，见图 66。

图66　主体结构（剪力墙与框架混合）的判断B

3．顶盖不再是判断阳台的必备条件，即无论有盖无盖，只要满足阳台的三个主要属性，都应归为阳台，见图67。

图67　有盖与无盖的阳台

4．无论上下层之间是否对齐，只要满足阳台的三个主要属性，也应归为阳台，见图68。

图68　上下层不对齐的阳台

5．阳台的其他几种典型情况：

（1）图 69 中两个阳台都应视为由剪力墙包围的阳台，属于主体结构内阳台，计算全面积。

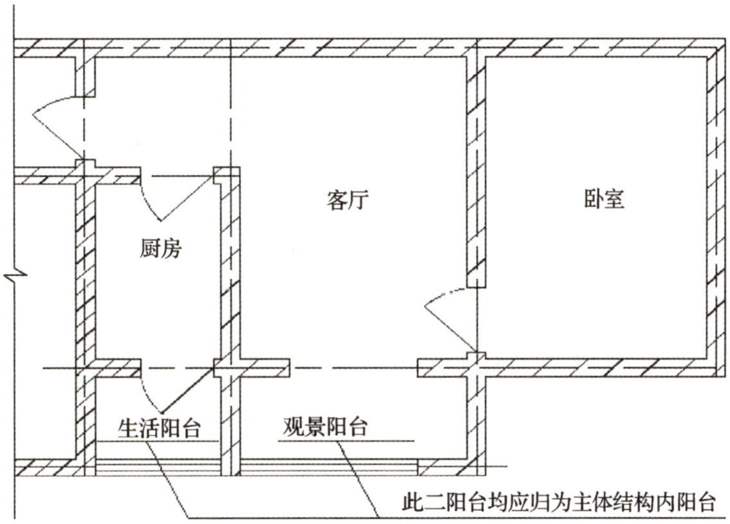

图69　阳台几种情况的判断A

（2）图 70 中阳台一部分在主体结构内，一部分在主体结构外，应分别计算建筑面积。以柱外侧为界，上面部分属于主体结构内，计算全面积，下面部分属于主体结构外，计算 1/2 面积。

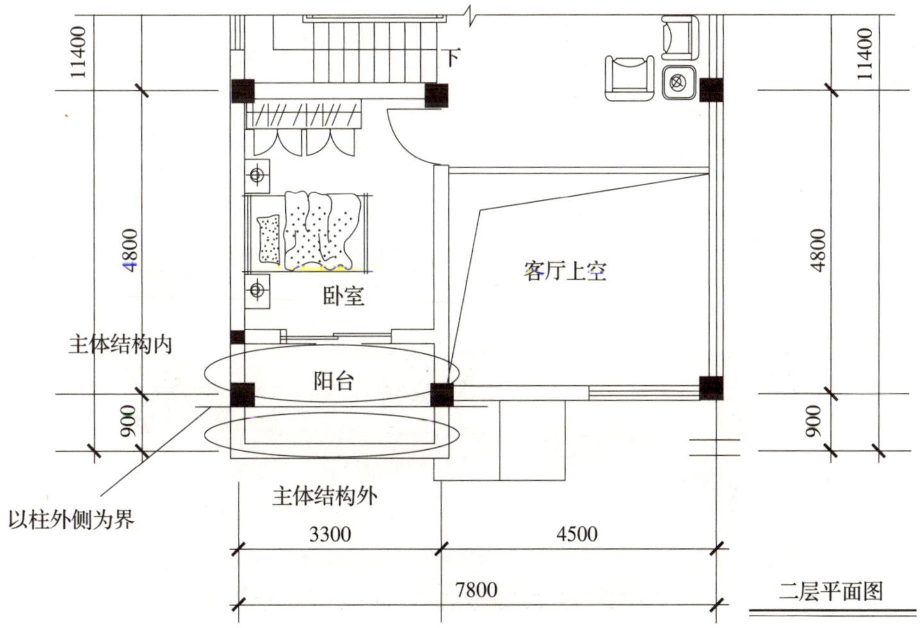

图70　阳台几种情况的判断B

（3）图 71 中阳台为剪力墙包围的情况，属于主体结构内，应计算全面积。下面部分虽然设计为花槽，但与阳台间有推拉门，该花槽与室内相连通，具备使用功能，且满足阳台的三个主要属性，故应视为阳台，计算 1/2 面积（如花槽与阳台不相连通，则不应计算建筑面积）。

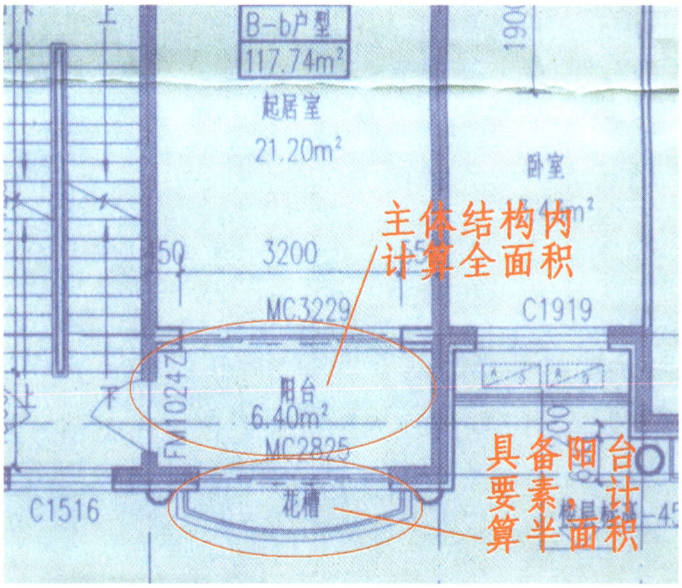

图71　阳台几种情况的判断C

（4）图 72 中结构底板上有两个用途，栏杆围护起来的部分为阳台，栏杆外部（图左侧）为设备平台。按规定，阳台应计算 1/2 面积，但设备平台不与阳台相连通，不计算建筑面积。

计算阳台建筑面积时，前端按结构底板外边线取定，左侧以栏杆外边线为界。栏杆左侧的设备平台不计算建筑面积。

图72　阳台几种情况的判断D

（5）图 73 中标注为“空中花园”的部分，根据阳台的判断原则，属于主体结构内，无论是否封闭，均应计算全面积。其他工程中，如发生类似入户花园等的情况，也按阳台的原则进行判断。

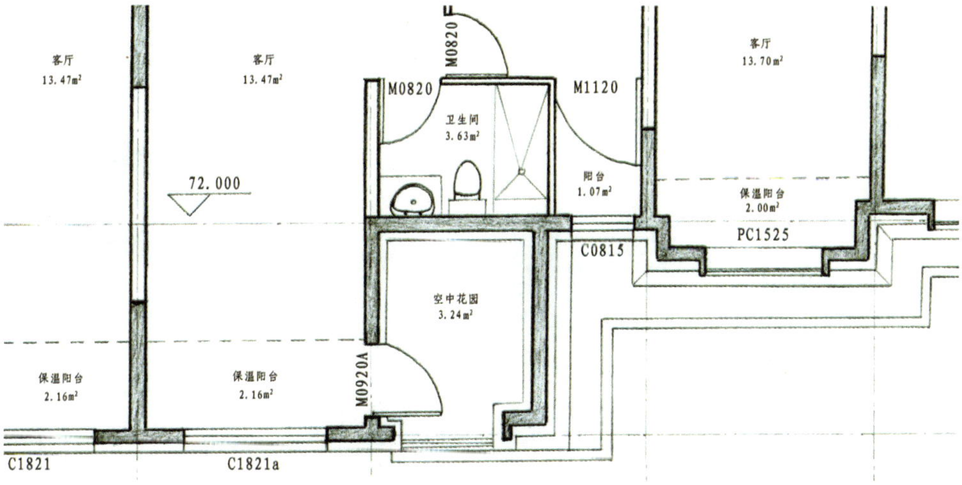

图73　阳台几种情况的判断E

6. 综上所述，我们可以看出，判断阳台是在主体结构内还是在主体结构外，与以下四个方面无关：

（1）阳台与室内空间之间是否有隔断；

（2）阳台是否封闭；

（3）阳台是否采暖；

（4）保温层做在哪里。

7. 阳台在主体结构外时，按结构底板计算建筑面积，此时无论围护设施是否垂直于水平面，都按结构底板计算建筑面积，同时应包括底板处突出的檐。如图 74 所示。

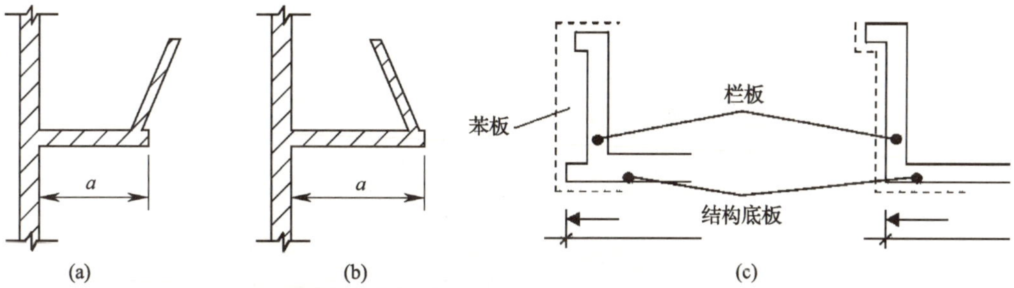

图74　阳台结构底板计算尺寸示意图

8. 如自然层结构层高在 2.20m 以下时，主体结构内的阳台随楼层一样，均计算 1/2 面积；但主体结构外的阳台，仍计算 1/2 面积，不应出现 1/4 面积。

3.0.22　有顶盖无围护结构的车棚、货棚、站台、加油站、收费站等，应按其顶盖水平投影面积的 1/2 计算建筑面积。

【对比 2005 规范】

3.0.19　有永久性顶盖无围护结构的车棚、货棚、站台、加油站、收费站等，应按其顶盖水平投影面积的 1/2 计算。

【释】

1. “本规范”与“05 版规范”含义完全一致，仅将“永久性顶盖”改为“顶盖”，详见 3.0.4 条的有关解释。

2．不分顶盖材质，不分单、双排柱，不分矩形柱、异形柱，均按顶盖水平投影面积的 1/2 计算建筑面积。

［**例 8**］计算图 75 所示车棚的建筑面积。

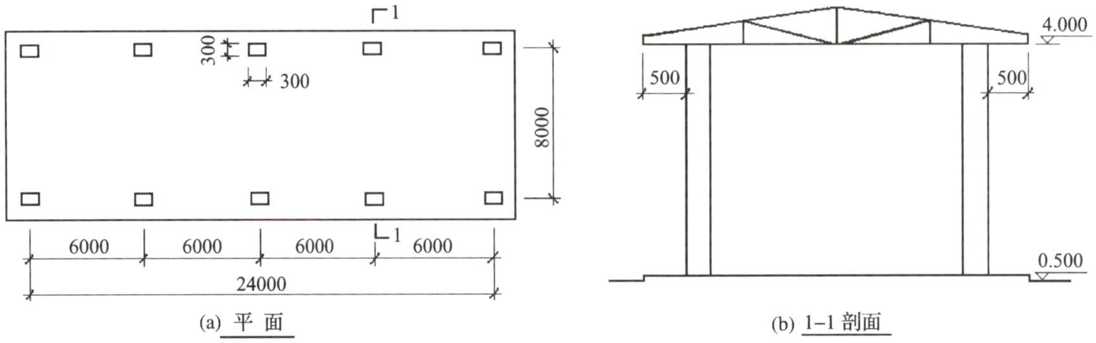

图75　车棚

解：$S=(8+0.3+0.5\times2)\times(24+0.3+0.5\times2)\times0.5=117.65\ (m^2)$

3．顶盖下有其他能计算建筑面积的建筑物时，仍按顶盖水平投影面积计算 1/2 面积，顶盖下的建筑物另行计算建筑面积。

图 76 加油站下方有建筑物，其面积仍按 $A\times B\times0.5$ 计算，建筑物另行计算建筑面积。

图76　加油站下方有能计算建筑面积的建筑物

3.0.23　以幕墙作为围护结构的建筑物，应按幕墙外边线计算建筑面积。

【对比 2005 规范】

3.0.21　以幕墙作为围护结构的建筑物，应按幕墙外边线计算建筑面积。

【释】

“本规范”与“05 版规范”完全一致。

幕墙可以分为围护性幕墙和装饰性幕墙（见图 77）。

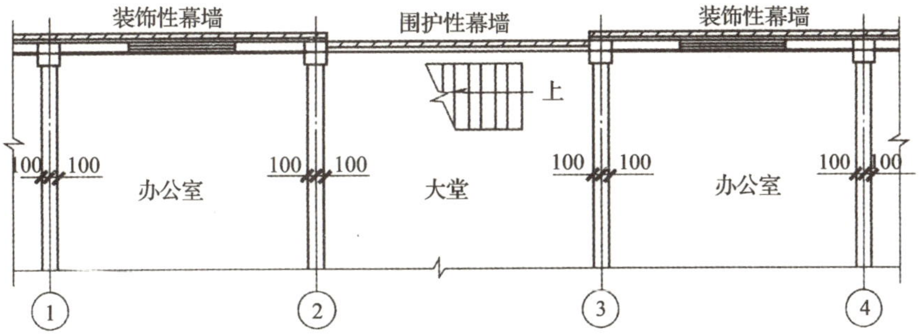

图77 围护性幕墙与装饰性幕墙示意图

围护性幕墙：直接作为外墙起围护作用的幕墙，见图 78。

图78 围护性幕墙

装饰性幕墙：设置在建筑物墙体外起装饰作用的幕墙，见图 79。

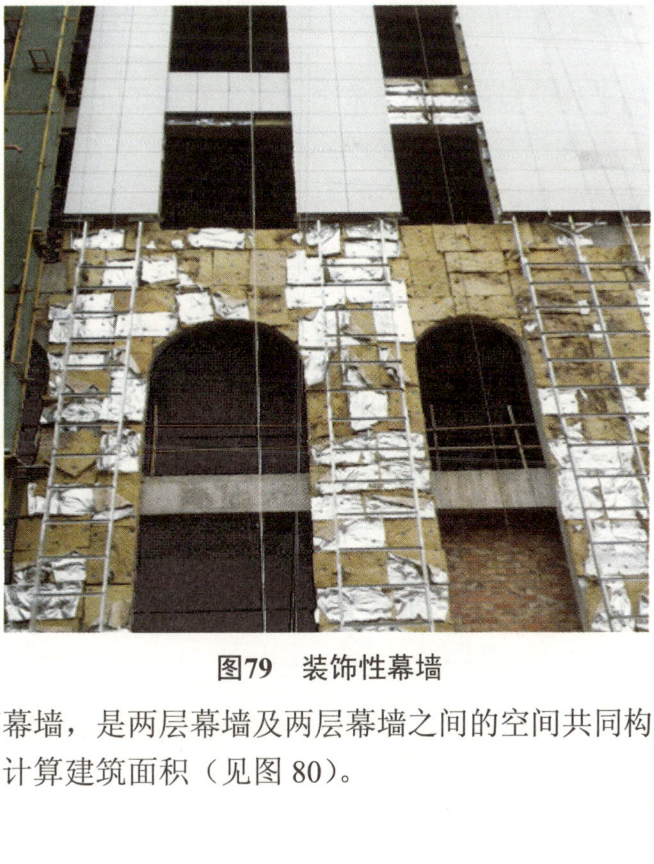

图79 装饰性幕墙

智能呼吸式玻璃幕墙，是两层幕墙及两层幕墙之间的空间共同构成的外墙结构，因此应以外层幕墙外边线计算建筑面积（见图 80）。

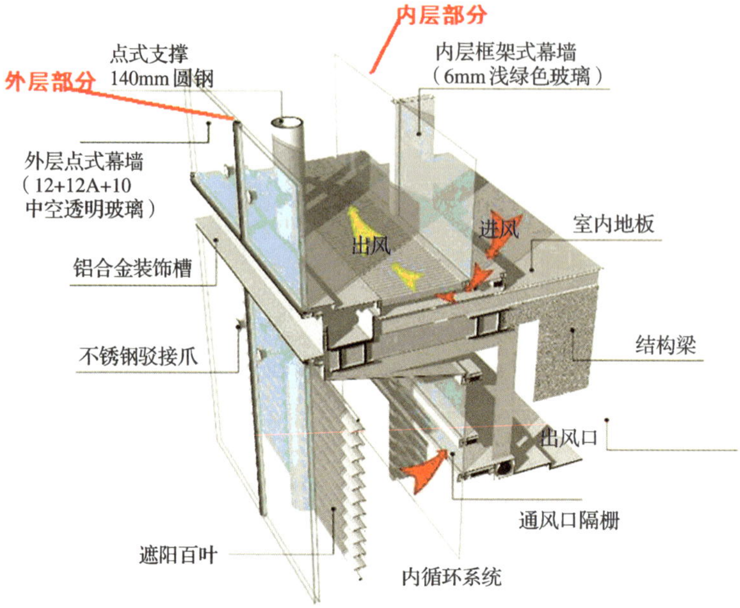

图80　智能呼吸式玻璃幕墙

3.0.24　建筑物的外墙外保温层，应按其保温材料的水平截面积计算，并计入自然层建筑面积。

【对比2005规范】

3.0.22　建筑物外墙外侧有保温隔热层的，应按保温隔热层外边线计算建筑面积。

【释】

1.“本规范”计算方法较“05版规范”有一定变化，计算方法力求简化。但基本的原则没变，即建筑物的建筑面积仍然是先按外墙结构计算，外保温层的建筑面积另行计算，并计入建筑面积。

2.“本规范”明确了外保温层的计算范围：建筑面积仅计算保温材料本身（例如，外贴苯板时，仅苯板本身算保温材料），抹灰层、防水（潮）层、黏结层（空气层）及保护层（墙）等均不计入建筑面积。如图81所示。

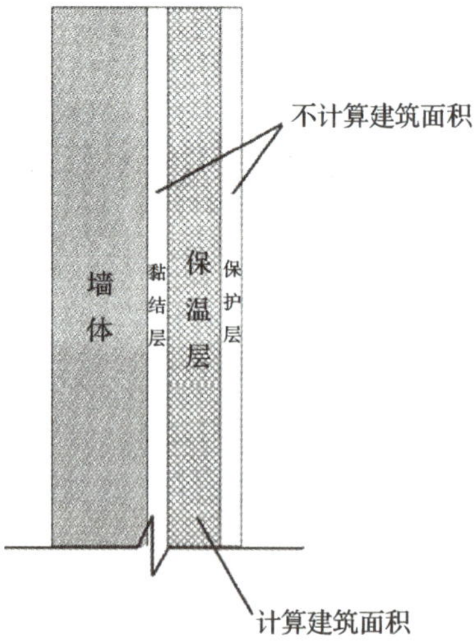

图81　外墙外保温层示意图

3．计算方法上，不再按“保温隔热层外边线”计算，改为按“保温材料的净厚度乘以外墙结构外边线长度”单独计算。

具体计算方法为：保温隔热层以保温材料的净厚度乘以外墙结构外边线长度按建筑物的自然层计算建筑面积，其外墙外边线长度不扣除门窗和建筑物外已计算建筑面积的构件（如阳台、室外走廊、门斗、落地橱窗等部件）所占长度。当建筑物外已计算建筑面积的构件（如阳台、室外走廊、门斗、落地橱窗等部件）有保温隔热层时，其保温隔热层也不再计算建筑面积。图 82 的两个图中标出了外墙结构外边线（即保温层的计算长度）。

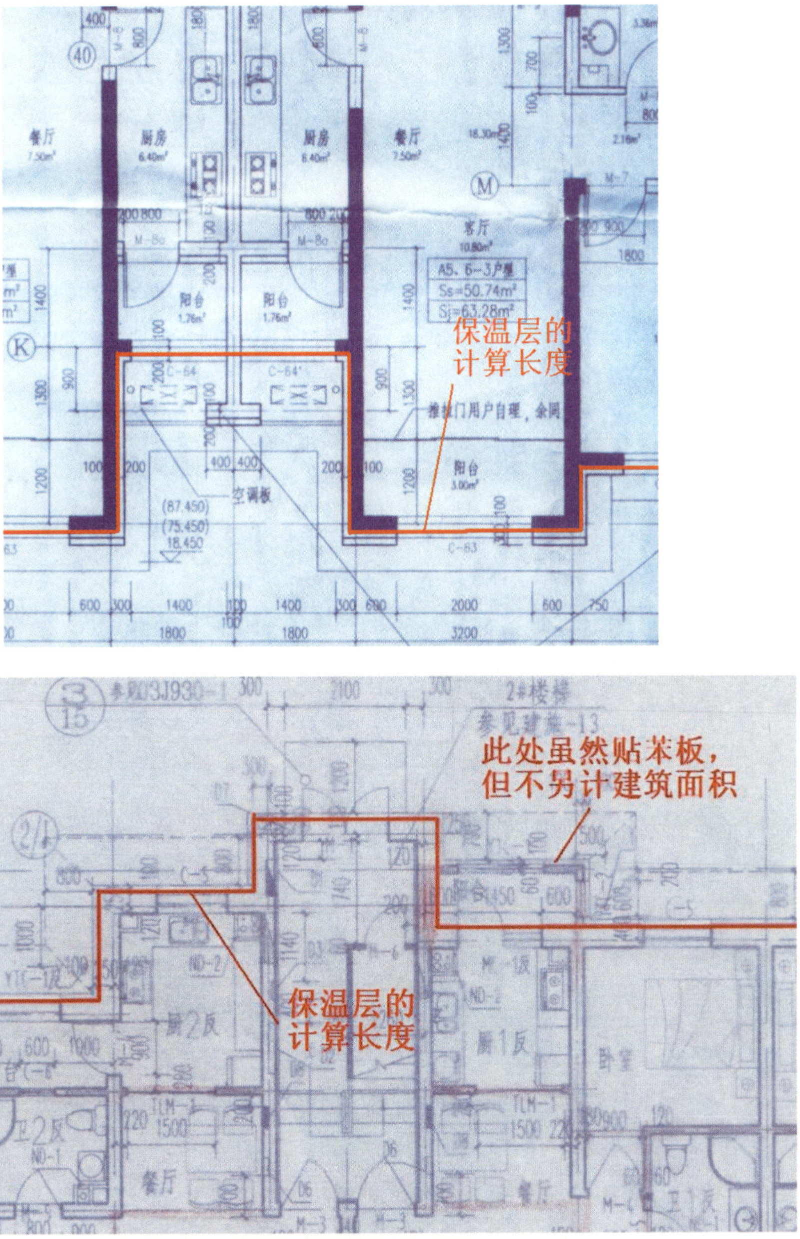

图82 外墙外保温计算长度示意图

4．“保温材料的水平截面积”是针对保温材料垂直放置的状态而言的，是按照保温材料本身厚度计算的。当围护结构不垂直于水平面时，仍应按保温材料本身厚度计算，而不是斜厚度，见图 83。

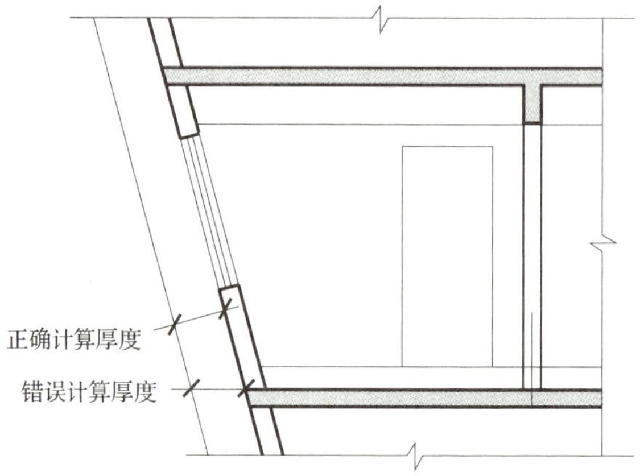

图83　围护结构不垂直于水平面时外墙外保温计算厚度示意图

5．外保温层计算建筑面积是以沿高度方向满铺为准。如地下室等外保温层铺设高度未达到楼层全部高度时，保温层不计算建筑面积。

6．复合墙体不属于外墙外保温层，见图84，整体视为外墙结构，按3.0.1条执行。

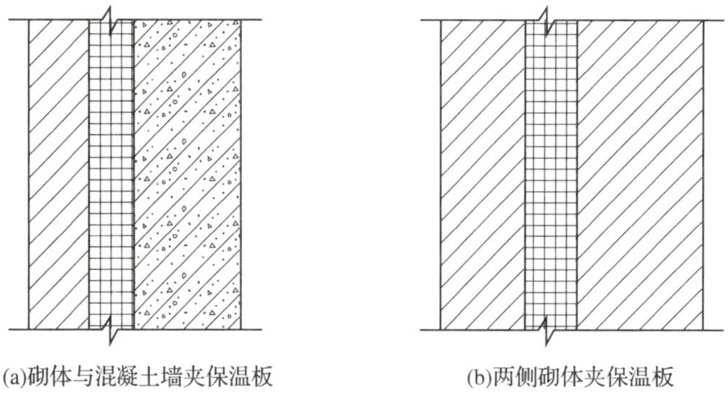

图84　复合墙体示意图

3.0.25　与室内相通的变形缝，应按其自然层合并在建筑物建筑面积内计算。对于高低联跨的建筑物，当高低跨内部连通时，其变形缝应计算在低跨面积内。

【对比2005规范】

3.0.20　高低联跨的建筑物，应以高跨结构外边线为界分别计算建筑面积；其高低跨内部连通时，其变形缝应计算在低跨面积内。

3.0.23　建筑物内的变形缝，应按其自然层合并在建筑物面积内计算。

【释】

1．变形缝是“防止建筑物在某些因素作用下引起开裂甚至破坏而预留的构造缝”，是伸缩缝（温度缝）、沉降缝和抗震缝的总称。

2．与室内不相通的变形缝不计算建筑面积，如图85所示。

3．与室内相通的变形缝，是指暴露在建筑物内，在建筑物内可以看见的变形缝，应计算建筑面积。

4．高低联跨的建筑物，当高低跨内部不相连通时，其变形缝不计算建筑面积。

5．高低联跨的建筑物，当高低跨内部连通或局部连通时，其连通部分变形缝的面积计算在低跨面积内。

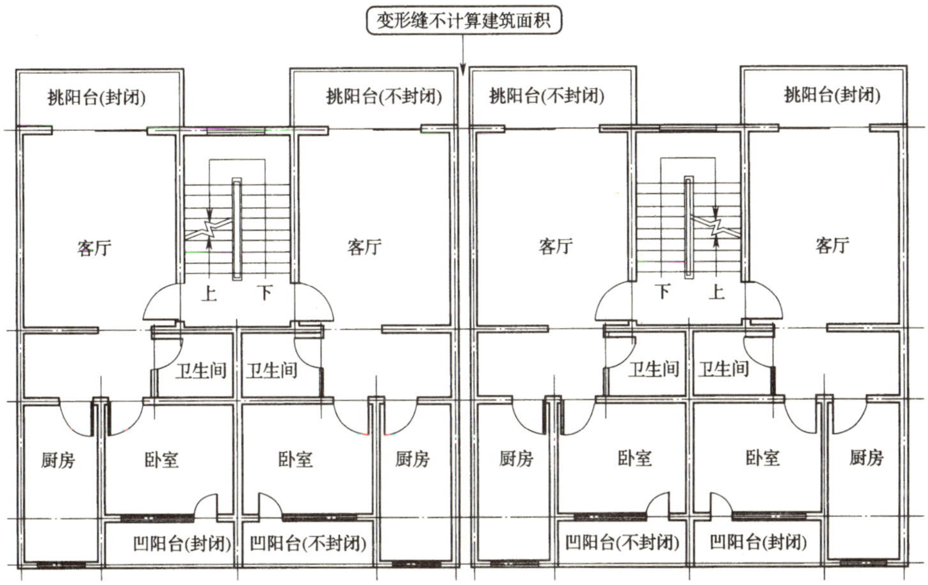

图85　与室内不相通的变形缝示意图

［**例 9**］计算图 86 所示高低跨食堂的建筑面积。

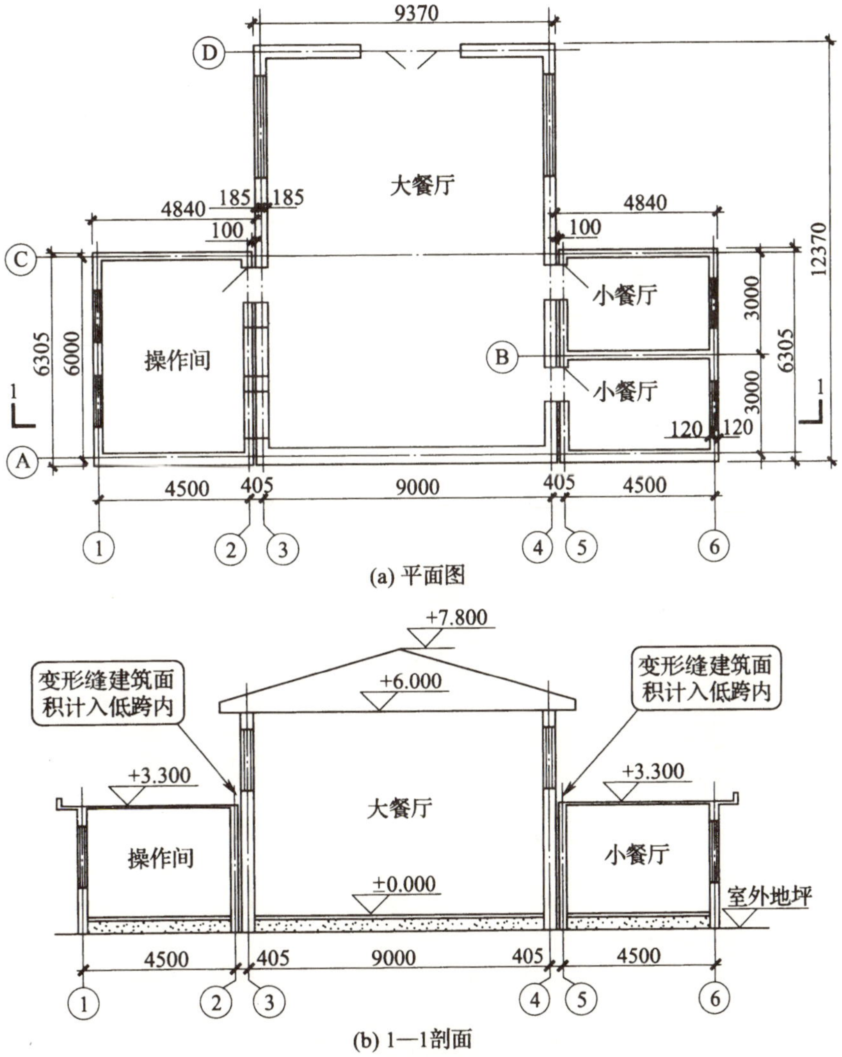

(a) 平面图

(b) 1—1剖面

图86　高低跨建筑物

解：大餐厅建筑面积 S_1=9.37×12.37=115.91（m^2）

操作间和小餐厅的建筑面积 S_2=4.84×6.305×2=61.03（m^2）

食堂的建筑面积 $S=S_1+S_2$=115.91+61.03=176.94（m^2）

3.0.26 对于建筑物内的设备层、管道层、避难层等有结构层的楼层，结构层高在 2.20m 及以上的，应计算全面积；结构层高在 2.20m 以下的，应计算 1/2 面积。

【对比 2005 规范】

3.0.24 下列项目不应计算面积：

2 建筑物内的设备管道夹层。

【释】

1. 设备层、管道层虽然其具体功能与普通楼层不同，但在结构上及施工消耗上并无本质区别，且“本规范”定义自然层为“按楼地面结构分层的楼层”，因此设备、管道层也归为自然层，其计算规则与普通楼层相同。

2. 在吊顶空间内设置管道及检修马道的，吊顶空间部分不能被视为设备层、管道层，不计算建筑面积，如图 87 所示。

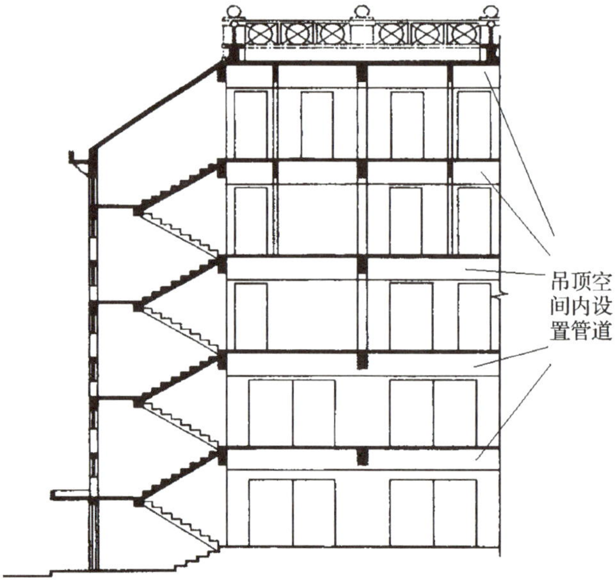

图87 吊顶空间内的夹层示意图

3.0.27 下列项目不应计算建筑面积：

1 与建筑物内不相连通的建筑部件。

【对比 2005 规范】

3.0.24 下列项目不应计算面积：

6 勒脚、附墙柱、垛、台阶、墙面抹灰、装饰面、镶贴块料面层、装饰性幕墙、空调室外机搁板（箱）、飘窗、构件、配件、宽度在 2.10m 及以内的雨篷以及与建筑物内不相连通的装饰性阳台、挑廊。

【释】

1．“本规范”与“05 版规范”对于与建筑物内不相连通的空间不计算建筑面积的原则是一致的。“本规范”将“装饰性阳台、挑廊”扩大为“建筑部件”，范围更为宽泛。

2．“与建筑物内不相连通”是指没有正常的出入口。即：通过门进出的，视为“连通”，通过窗或栏杆等翻出去的，视为“不连通”。如图 88 所示，凸出的建筑部件与建筑物之间没有门，只有窗，因此属于“不连通”，不计算建筑面积。图 89 中的花槽能计算建筑面积，是由于该花槽与建筑物内相连通。详见 3.0.21 条相关解释。

图88　与建筑物内不相连通的阳台

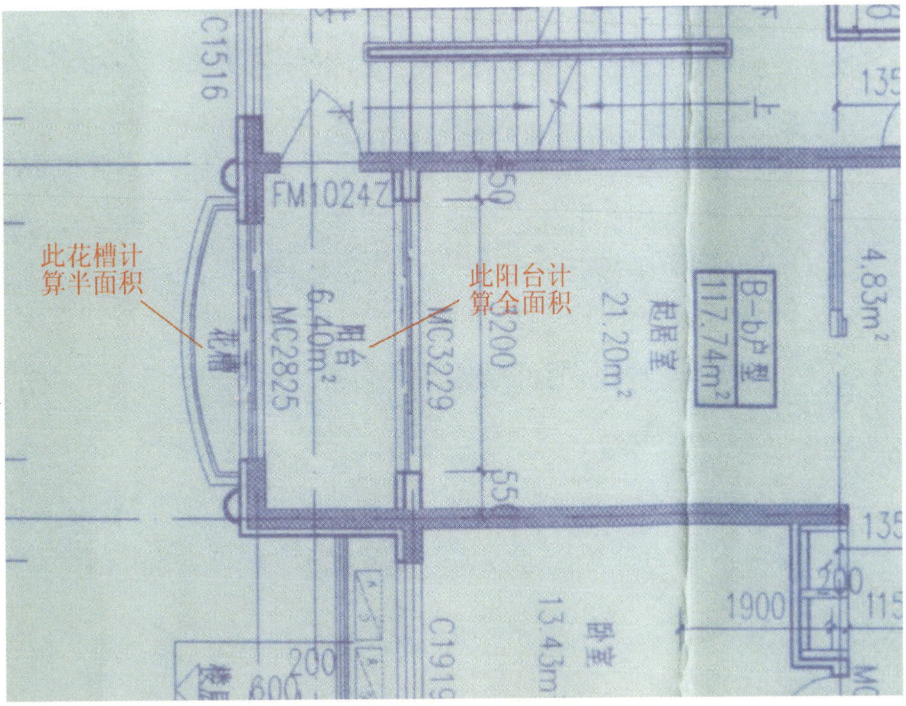

图89　与建筑物内相连通的花槽

2　骑楼、过街楼底层的开放公共空间和建筑物通道。

【对比 2005 规范】

3.0.24　下列项目不应计算面积：

1　建筑物通道（骑楼、过街楼的底层）。

【释】

1．骑楼是“建筑底层沿街面后退且留出公共人行空间的建筑物”，如图 90 所示。

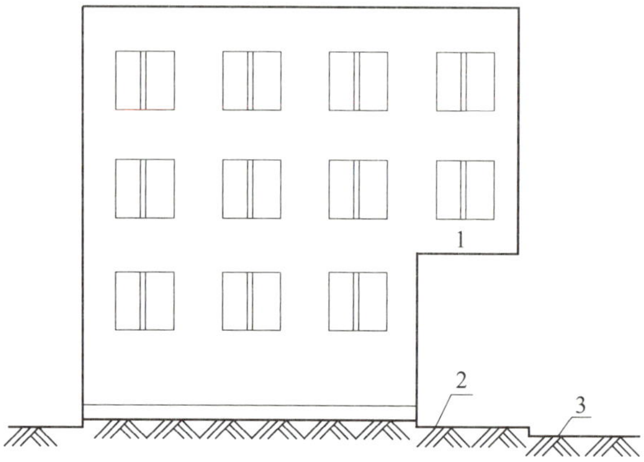

图90　骑楼示意图

1—骑楼；2—人行道；3—街道

（1）图中标示为 2 的部分指的是公共人行道，而非建筑物的组成部分。

（2）骑楼凸出部分一般是沿建筑物整体凸出，而不是局部凸出。

2．过街楼是“跨越道路上空并与两边建筑相连接的建筑物”，如图 91 所示。

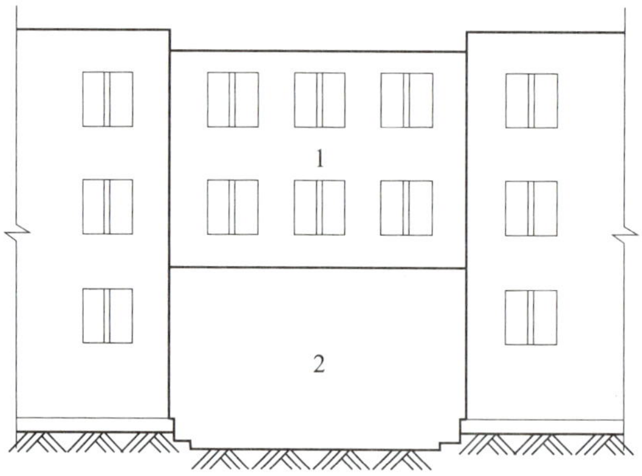

图91　过街楼示意图

1—过街楼；2—建筑物通道

3．建筑物通道是“为穿过建筑物而设置的空间”，如图 91 所示。

3　舞台及后台悬挂幕布和布景的天桥、挑台等。

【对比 2005 规范】

3.0.24　下列项目不应计算面积：

3　建筑物内分隔的单层房间，舞台及后台悬挂幕布、布景的天桥、挑台等。

【释】

舞台及后台悬挂幕布和布景的天桥、挑台指的是影剧院的舞台及为舞台服务的可供上人维修、悬挂幕布、布置灯光及布景等搭设的天桥和挑台等构件设施，如图 92 所示。

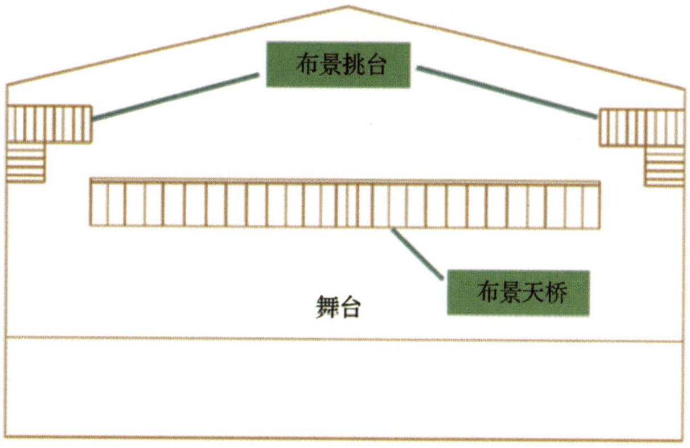

图92　布景天桥、挑台示意图

4　露台、露天游泳池、花架、屋顶的水箱及装饰性结构构件。

【对比 2005 规范】

3.0.24　下列项目不应计算面积：

4　屋顶水箱、花架、凉棚、露台、露天游泳池。

【释】

1. 露台须同时满足四个条件：一是位置，设置在屋面、地面或雨篷顶；二是可出入；三是有围护设施；四是无盖。如图 93 所示。

图93　露台

2. 建筑物屋顶上的露天游泳池如图 94 所示。

3. 花架如图 95 所示。

4. 屋顶的水箱不计算建筑面积，但屋顶的水箱间应计算建筑面积（详见 3.0.17 条）。

5. 屋顶上的装饰性结构构件（即屋顶造型）由于没有形成建筑空间，故不计算建筑面积（详见 3.0.17 条解释）。

图94　建筑物屋顶上的露天游泳池

图95　花架

5　建筑物内的操作平台、上料平台、安装箱和罐体的平台。

【对比2005规范】

3.0.24　下列项目不应计算面积：

5　建筑物内的操作平台、上料平台、安装箱和罐体的平台。

【释】

图96、图97中的平台均不计算建筑面积。

图96　上料平台

图97 操作平台

6 勒脚、附墙柱、垛、台阶、墙面抹灰、装饰面、镶贴块料面层、装饰性幕墙、主体结构外的空调室外机搁板（箱）、构件、配件，挑出宽度在2.10m以下的无柱雨篷和顶盖高度达到或超过两个楼层的无柱雨篷。

【对比2005规范】

3.0.24 下列项目不应计算面积：

6 勒脚、附墙柱、垛、台阶、墙面抹灰、装饰面、镶贴块料面层、装饰性幕墙、空调室外机搁板（箱）、飘窗、构件、配件、宽度在2.10m及以内的雨篷以及与建筑物内不相连通的装饰性阳台、挑廊。

【释】

1．结构柱应计算建筑面积。不计算建筑面积的“附墙柱”是指非结构性装饰柱。

2．台阶是“联系室内外地坪或同楼层不同标高而设置的阶梯形踏步”，室外台阶还包括与建筑物出入口连接处的平台，如图98所示。

图98 台阶

（1）台阶可能利用地势砌筑，如图99所示。

图99　利用地势砌筑的台阶

（2）台阶可能利用下层能计算建筑面积的建筑物屋顶砌筑（但下层建筑物按本规范相应规定计算建筑面积），如图 100 所示。

图100　利用下层能计算建筑面积的建筑物屋顶砌筑的台阶

（3）台阶也可能架空，如图 101（起点至终点的高度在一个自然层以内）。

图101　架空式台阶

3．由于楼梯是“楼层之间垂直交通”的建筑部件，故由起点至终点的高度达到该建筑物一个自然层及以上的称为楼梯。如图 102 所示，阶梯型踏步下部架空，起点至终点的高度达到一个自然层高，故应归为室外楼梯。

图102　架空达到一个自然层高度属于室外楼梯

7　窗台与室内楼地面高差在 0.45m 以下且结构净高在 2.10m 及以下的凸（飘）窗，窗台与室内楼地面高差在 0.45m 及以上的凸（飘）窗。

【对比 2005 规范】

3.0.24　下列项目不应计算面积:

6　勒脚、附墙柱、垛、台阶、墙面抹灰、装饰面、镶贴块料面层、装饰性幕墙、空调室外机搁板（箱）、飘窗、构件、配件、宽度在 2.10m 及以内的雨篷以及与建筑物内不相连通的装饰性阳台、挑廊。

【释】

详见 3.0.13 条解释。

8　室外爬梯、室外专用消防钢楼梯。

【对比 2005 规范】

3.0.24　下列项目不应计算面积:

7　无永久性顶盖的架空走廊、室外楼梯和用于检修、消防等的室外钢楼梯、爬梯。

【释】

“本规范”将“用于”二字调整为“专用”二字，即专用的消防钢楼梯是不计算建筑面积的。当钢楼梯是建筑物通道，兼顾消防用途时，则应计算建筑面积。

9　无围护结构的观光电梯。

【对比 2005 规范】

3.0.15　建筑物内的室内楼梯间、电梯井、观光电梯井、提物井、管道井、通风排气竖井、垃圾道、附墙烟囱应按建筑物的自然层计算。

3.0.24　下列项目不应计算面积:

8 自动扶梯、自动人行道。

【释】

1. 无围护结构的观光电梯见图103，即电梯轿厢直接暴露，外侧无井壁，不计算建筑面积。

2. 如果观光电梯在电梯井内运行时（见图104，井壁不限材质），观光电梯井执行3.0.19条规定按自然层计算建筑面积。

图103　无围护结构的观光电梯

图104　观光电梯井

3.“本规范”不计算建筑面积的内容中未提“自动扶梯、自动人行道”。自动扶梯、自动人行道应计算建筑面积。自动扶梯按3.0.19条规定按自然层计算建筑面积。自动人行道在建筑物内时，建筑面积不应扣除自动人行道所占的面积。

10 建筑物以外的地下人防通道，独立的烟囱、烟道、地沟、油（水）罐、气柜、水塔、贮油（水）池、贮仓、栈桥等构筑物。

【对比2005规范】

3.0.24 下列项目不应计算面积：

9 独立烟囱、烟道、地沟、油（水）罐、气柜、水塔、贮油（水）池、贮仓、栈桥、地下人防通道、地铁隧道等构筑物。

【释】

1.“本规范”调整了语言顺序，将“地下人防通道”移至前面，无论是独立的还是与建筑物相连通的，都不计算建筑面积。“05版规范”容易理解为独立的地下人防通道。

2.“本规范”取消了“地铁隧道”。地铁隧道属于市政工程，不能计算建筑面积。

3. 独立烟道属于构筑物，不计算建筑面积；但附墙烟道应按自然层计算建筑面积（3.0.19条）。

4. 独立贮油（水）池属于构筑物，不计算建筑面积。